COURS
DE
MATHÉMATIQUES
A L'USAGE DE
L'INGÉNIEUR CIVIL,
PAR J. ADHÉMAR.

TRAITÉ

DE PERSPECTIVE
LINÉAIRE.

TROISIÈME ÉDITION, REVUE ET AUGMENTÉE.

PARIS.
LACROIX-COMON ET BAUDRY, Libraires, quai Malaquais, 15.
L. HACHETTE ET Cie, Libraires, rue Pierre - Sarrazin, 14.
VICTOR DALMONT ET DUNOD, Libraires, quai des Augustins, 49.

1860

Imprimé par E. THUNOT et Cie, rue Racine, 26 près de l'Odéon.

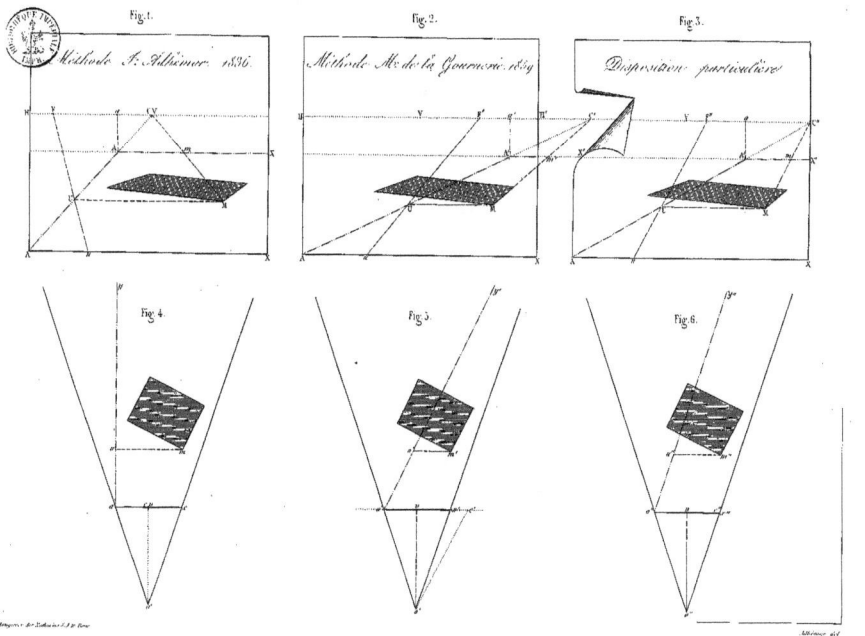

Perspective. *Définition. Principe.* Pl. 1.

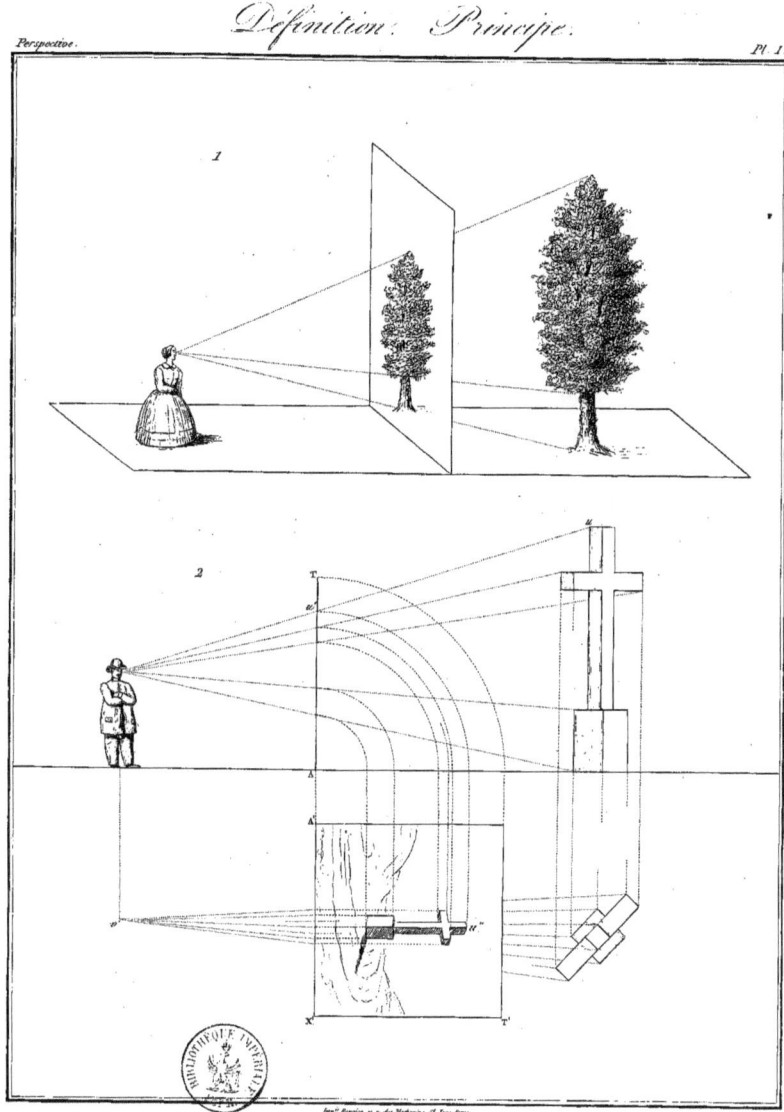

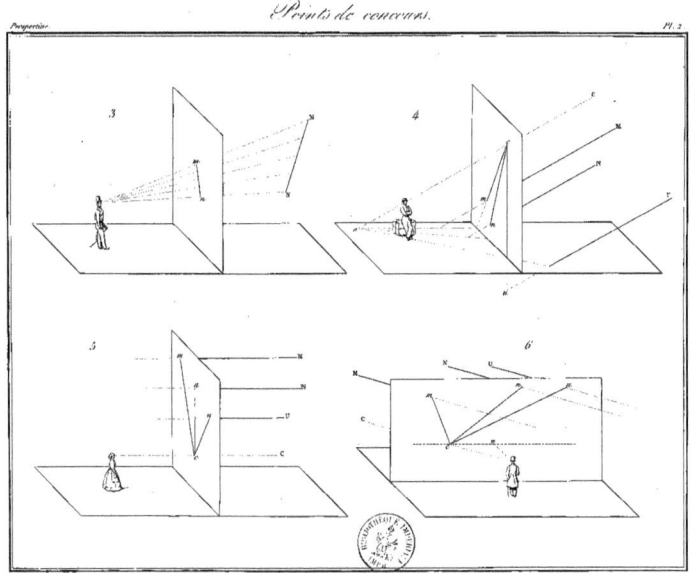

Points de concours.

Points de distance.

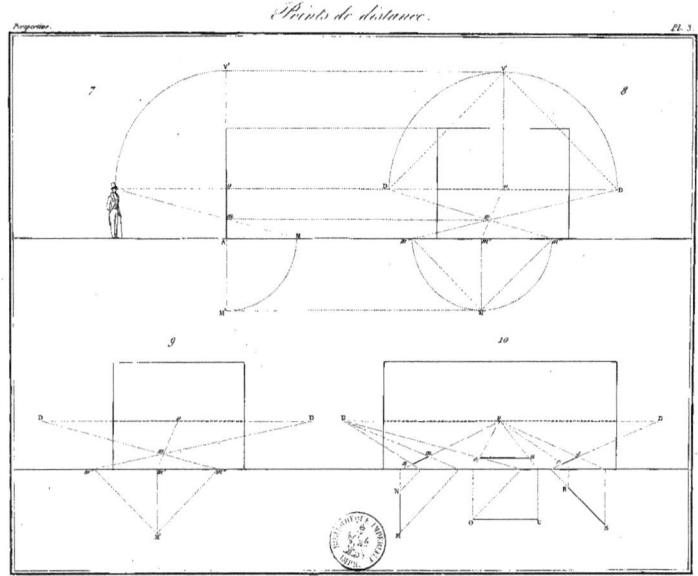

Perspective.

Distances comparées.

Pl. 4.

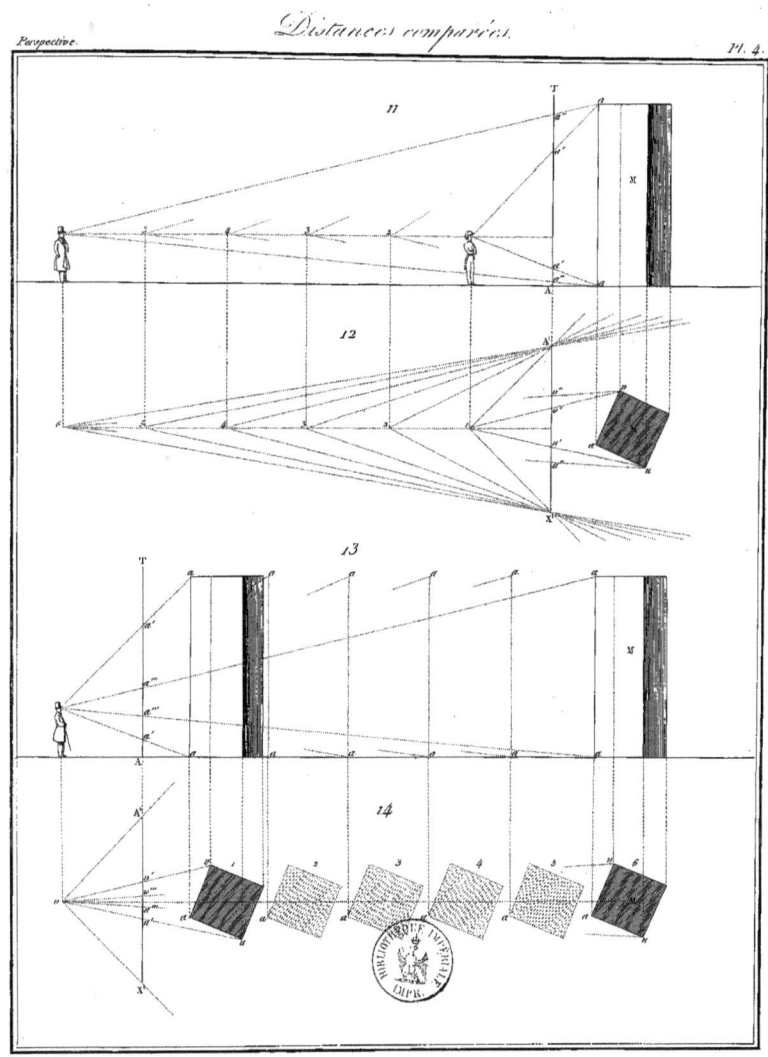

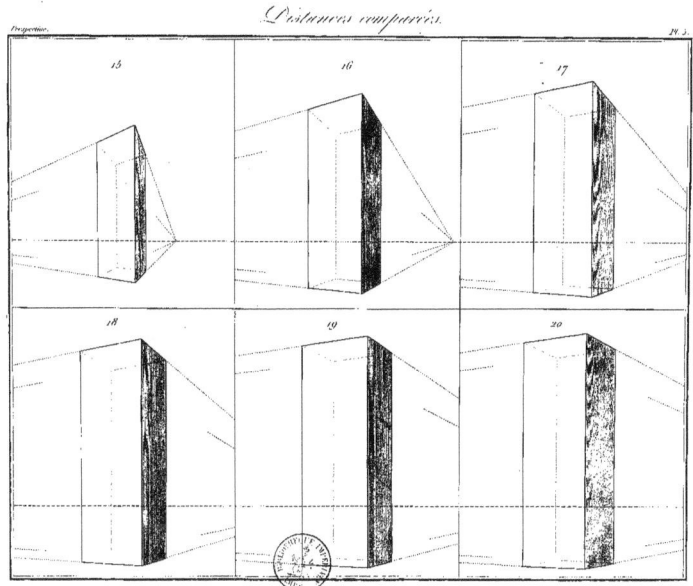

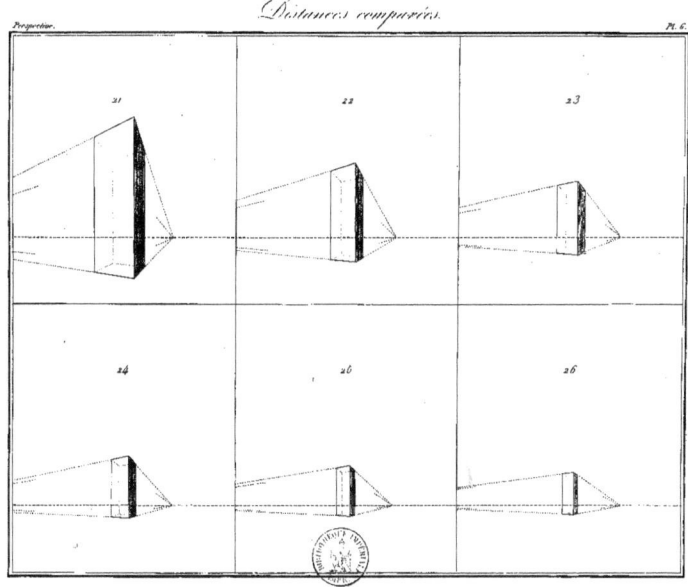

Perspective. *Distances comparées.* Pl. 7.

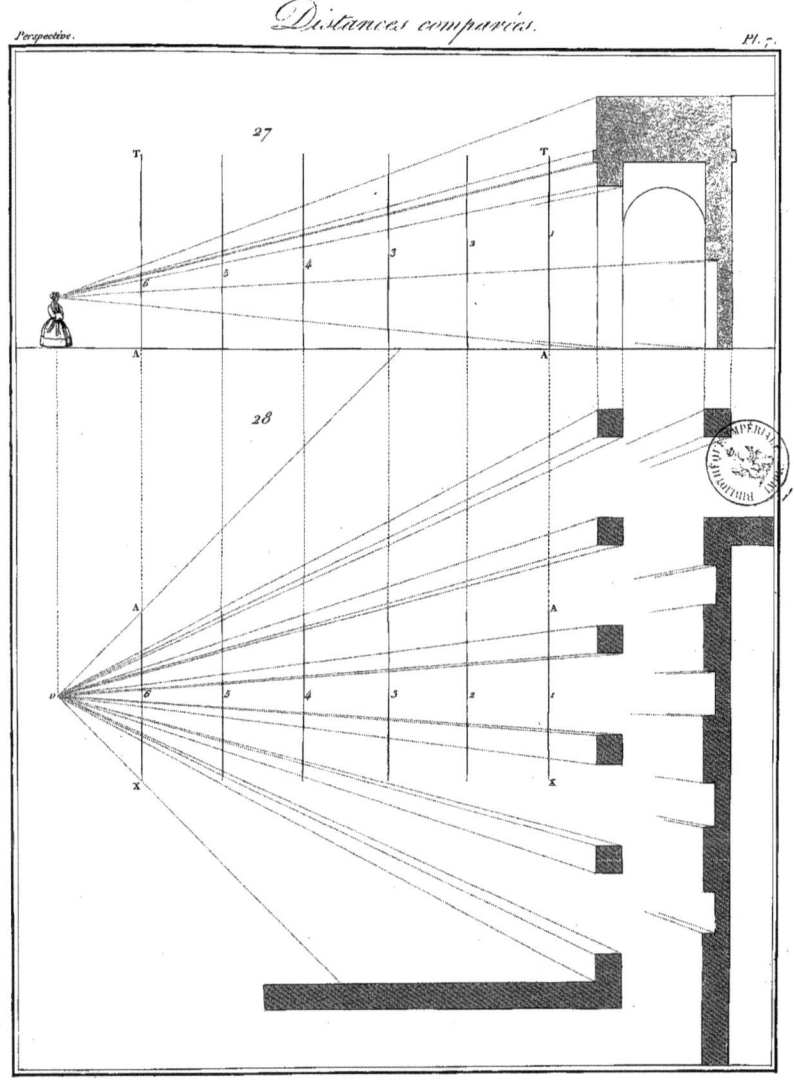

Perspective. Point de vue, Angle optique. Pl. 9.

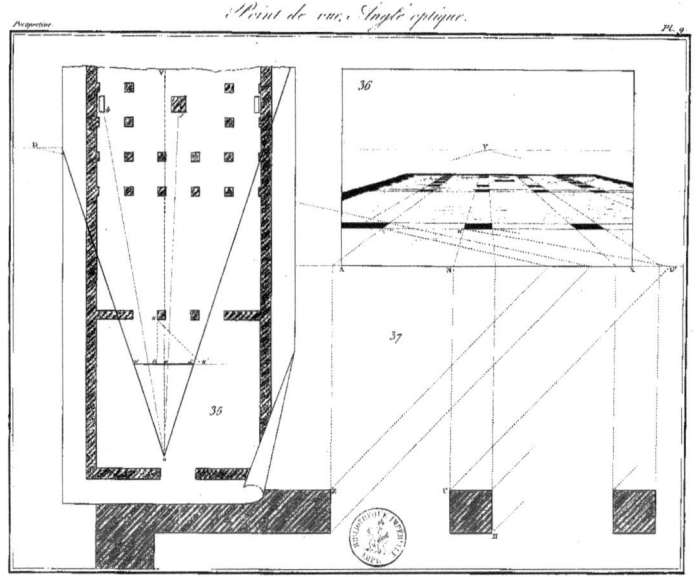

Méthode générale.

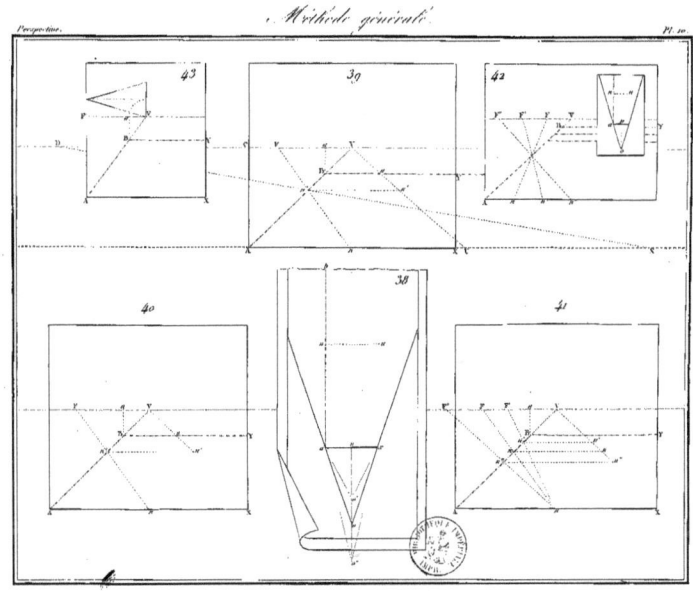

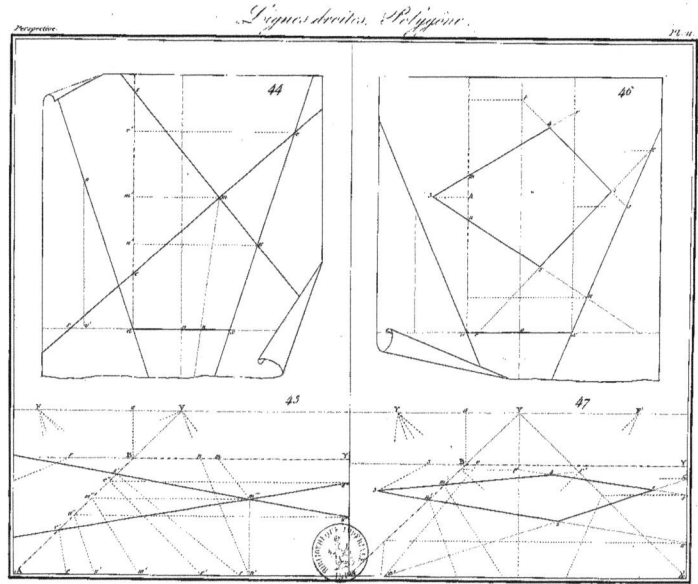

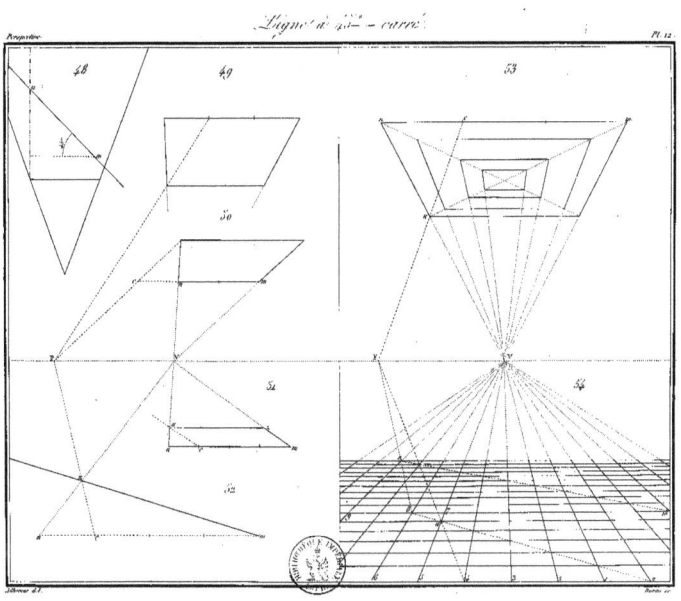

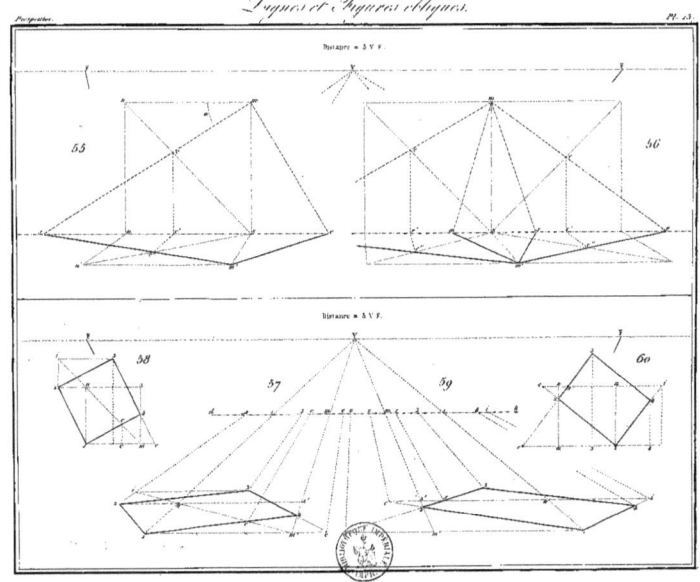

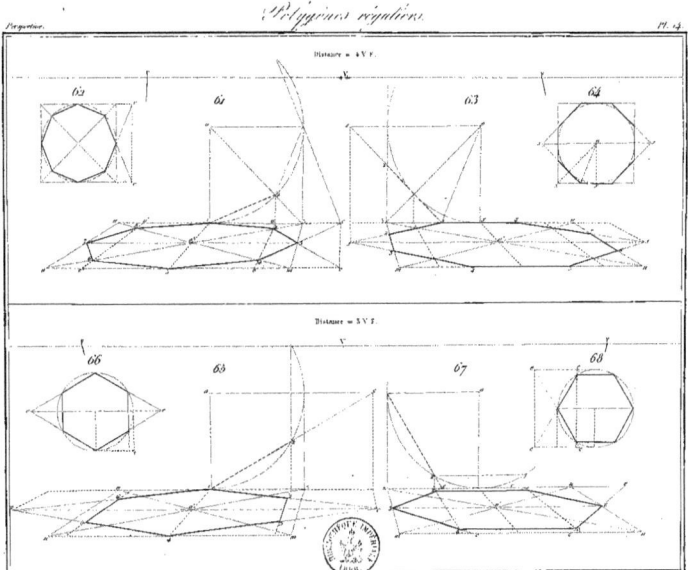

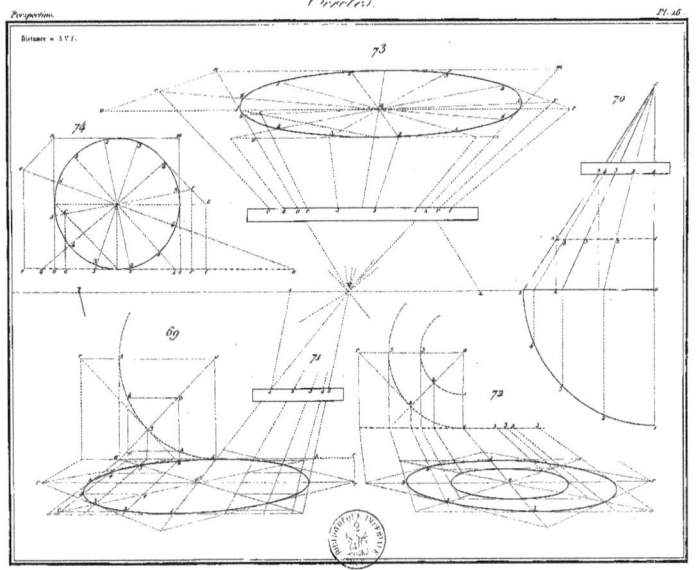

Perspective. Lignes courbes. Pl. 16.

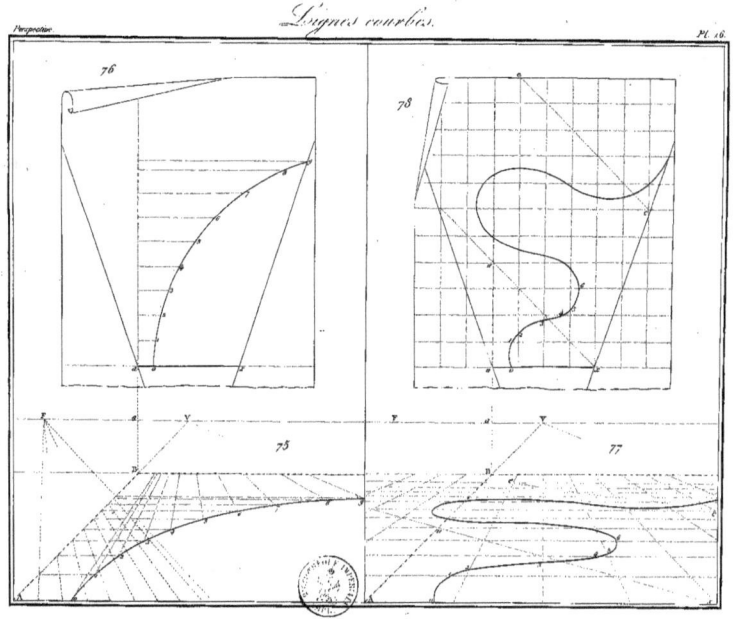

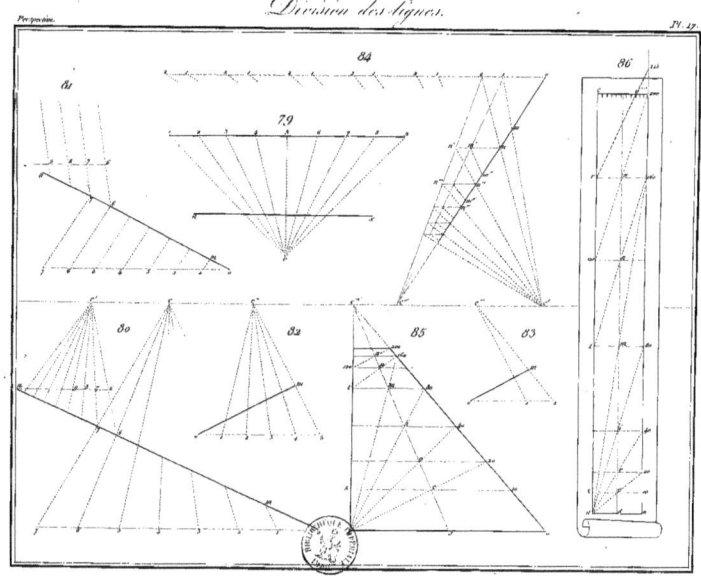

Division des lignes.

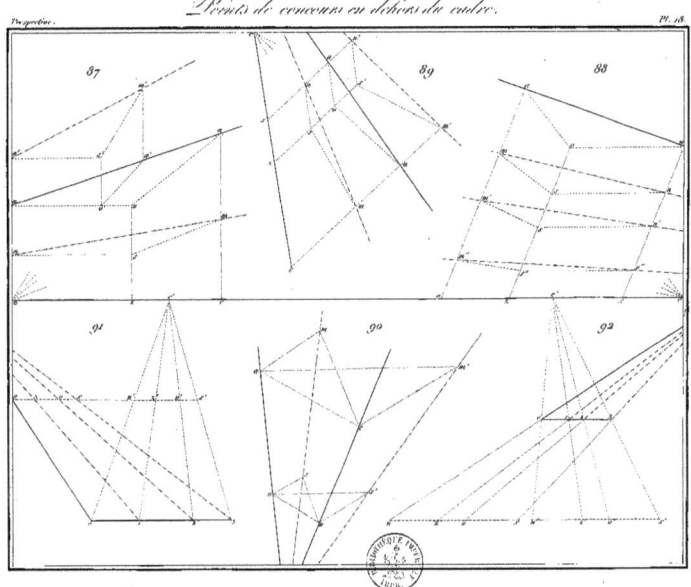

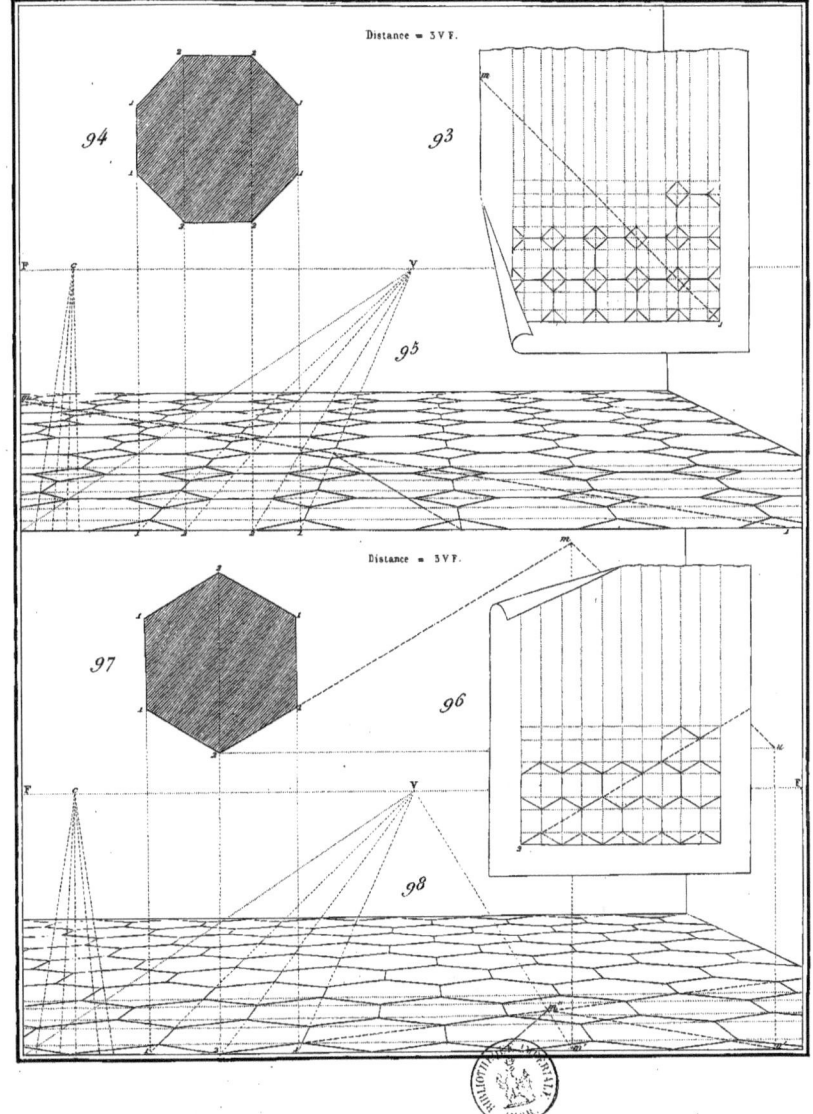

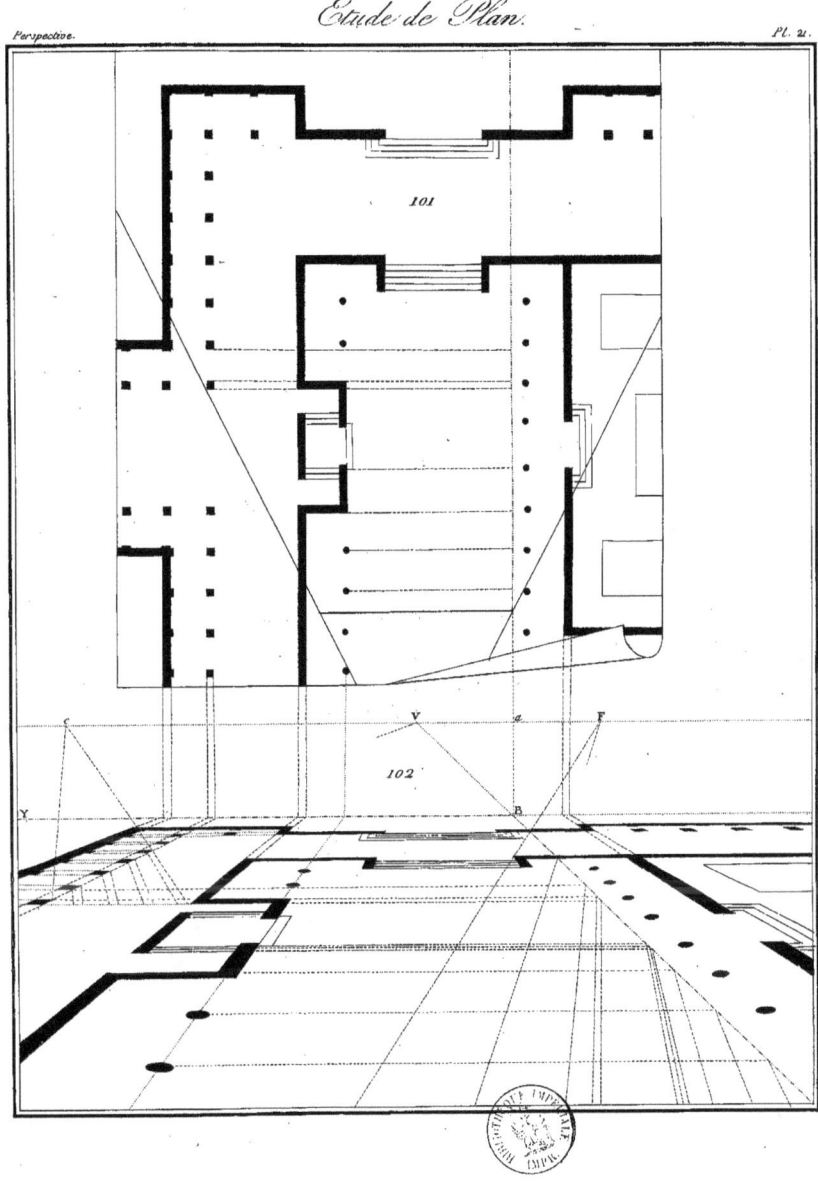

Étude de Plan.

Etude de Plan.

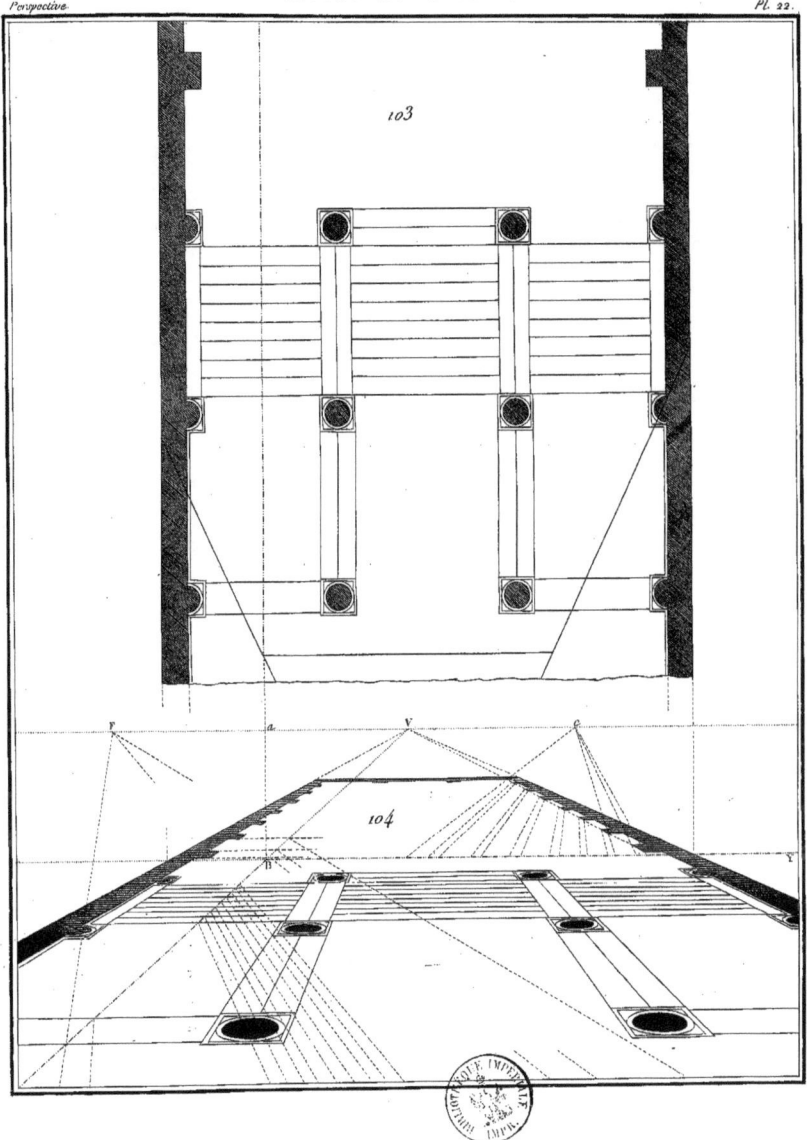

Etude de Plan.

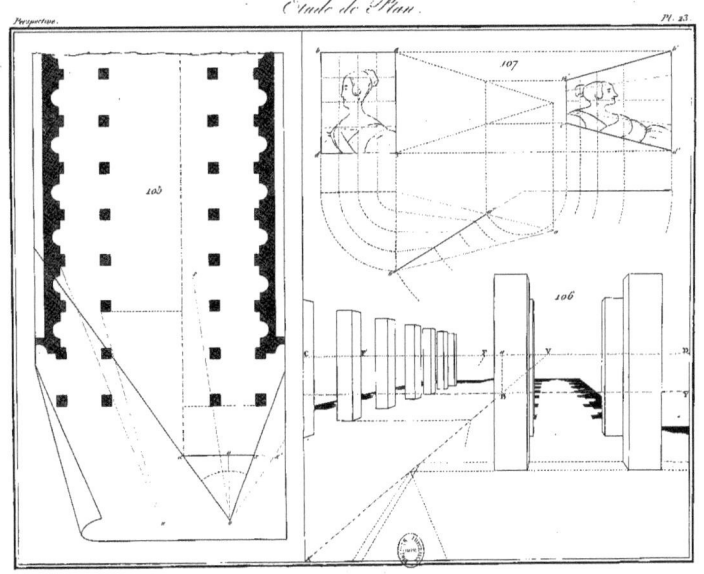

Perspective. Étude de Plan. Pl. 24.

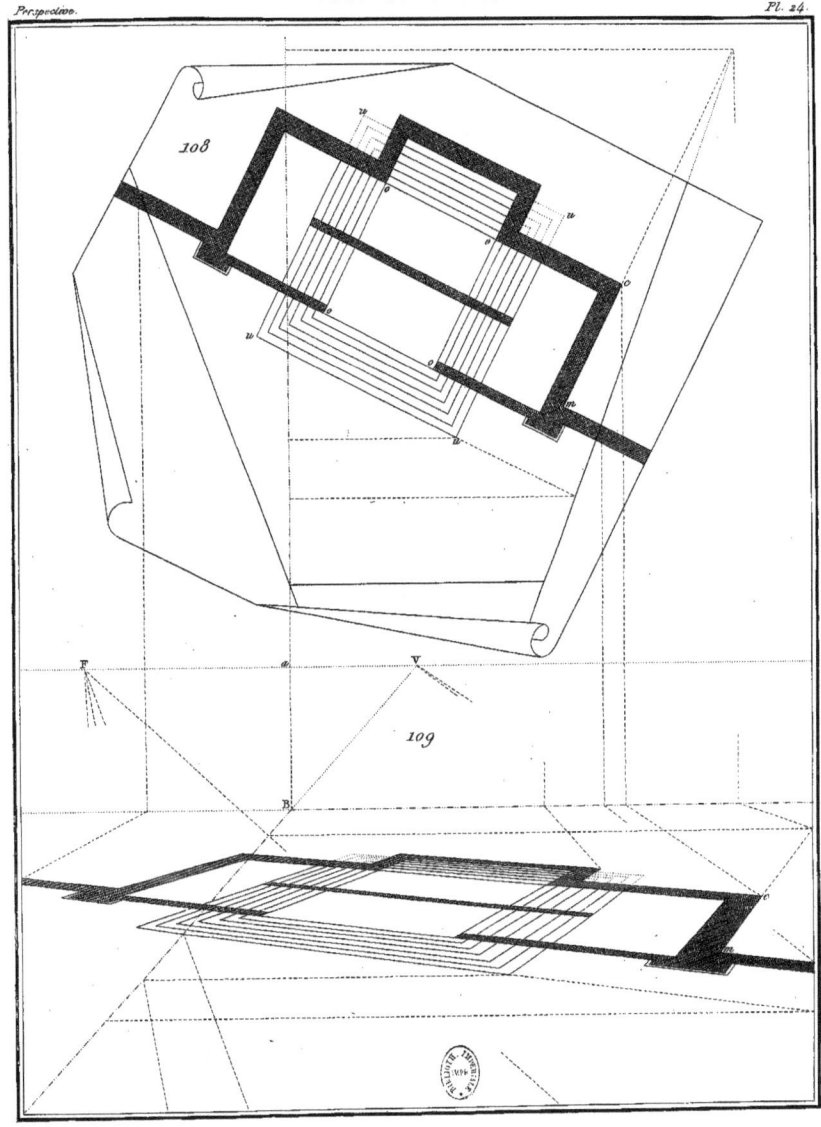

Perspective. Étude de Plan. Pl. 26.

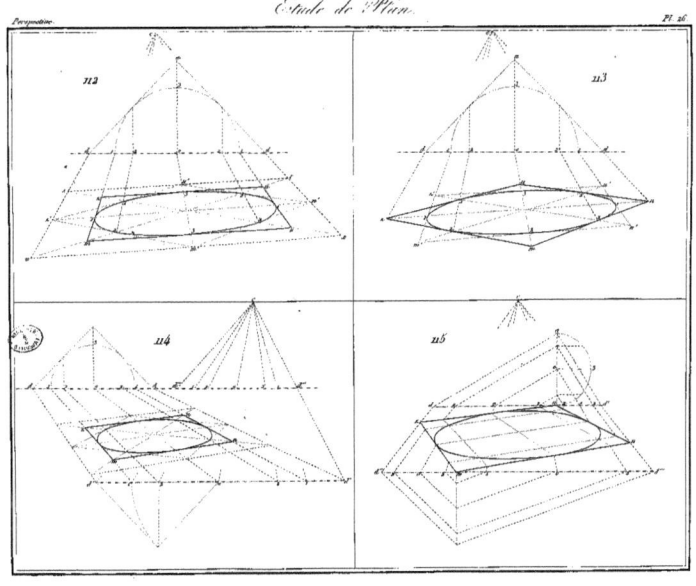

Perspective. Étude de Plan. Pl. 27.

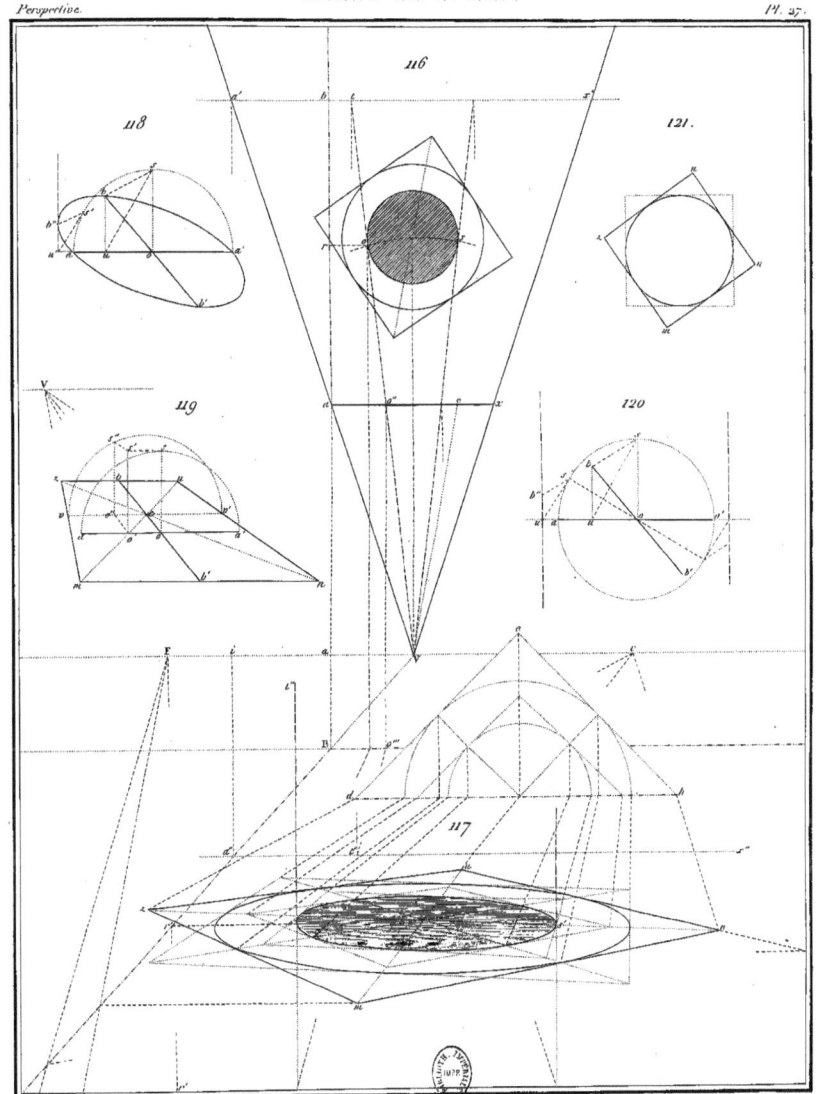

Étude de Plan.

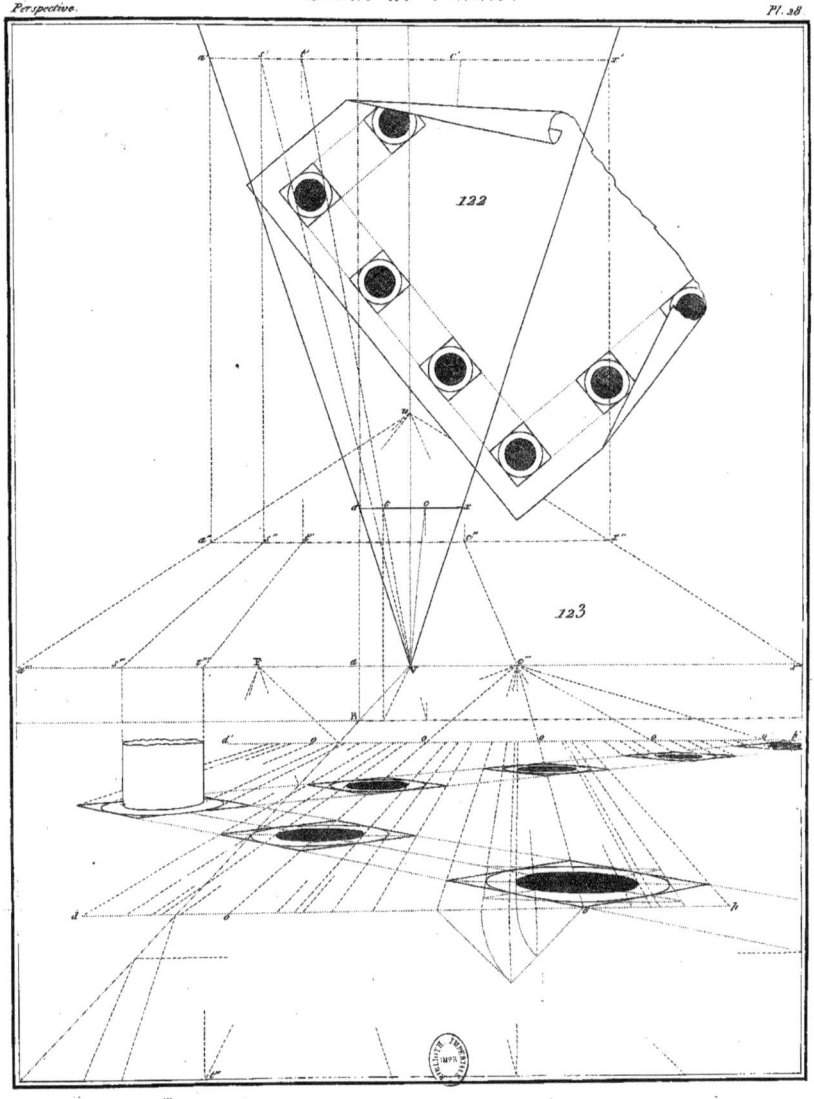

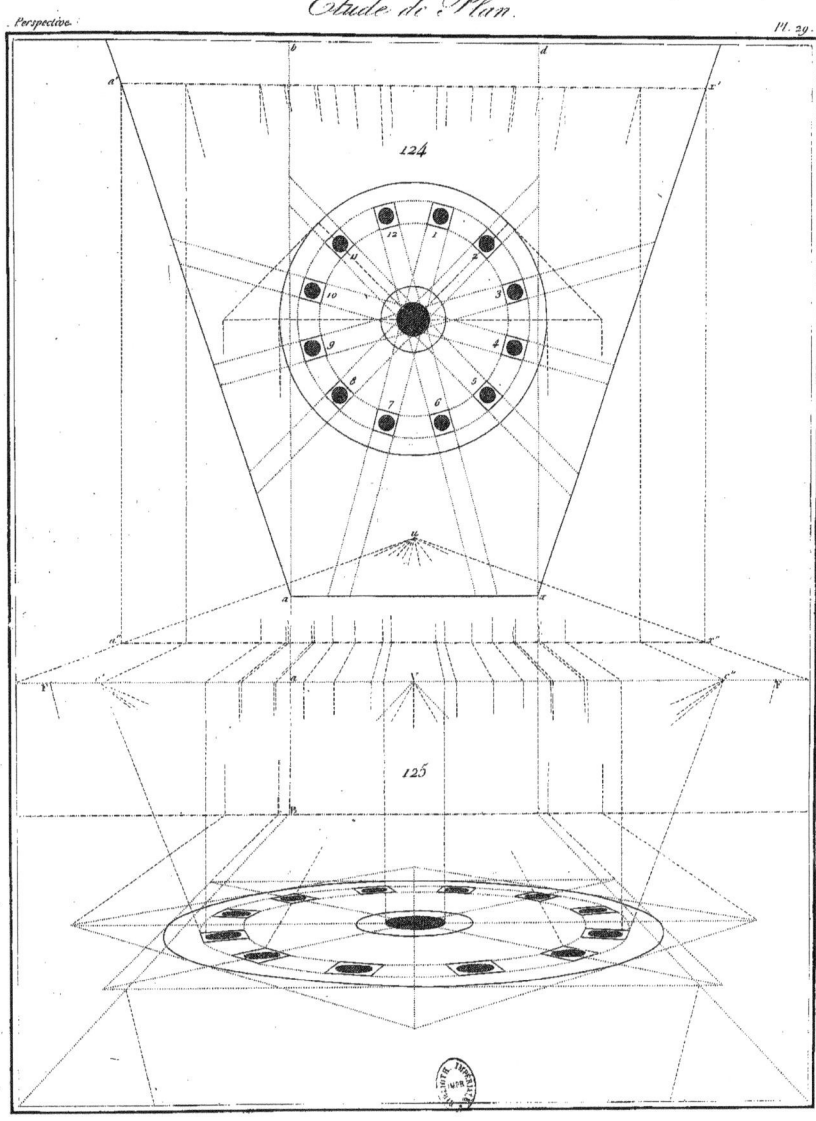

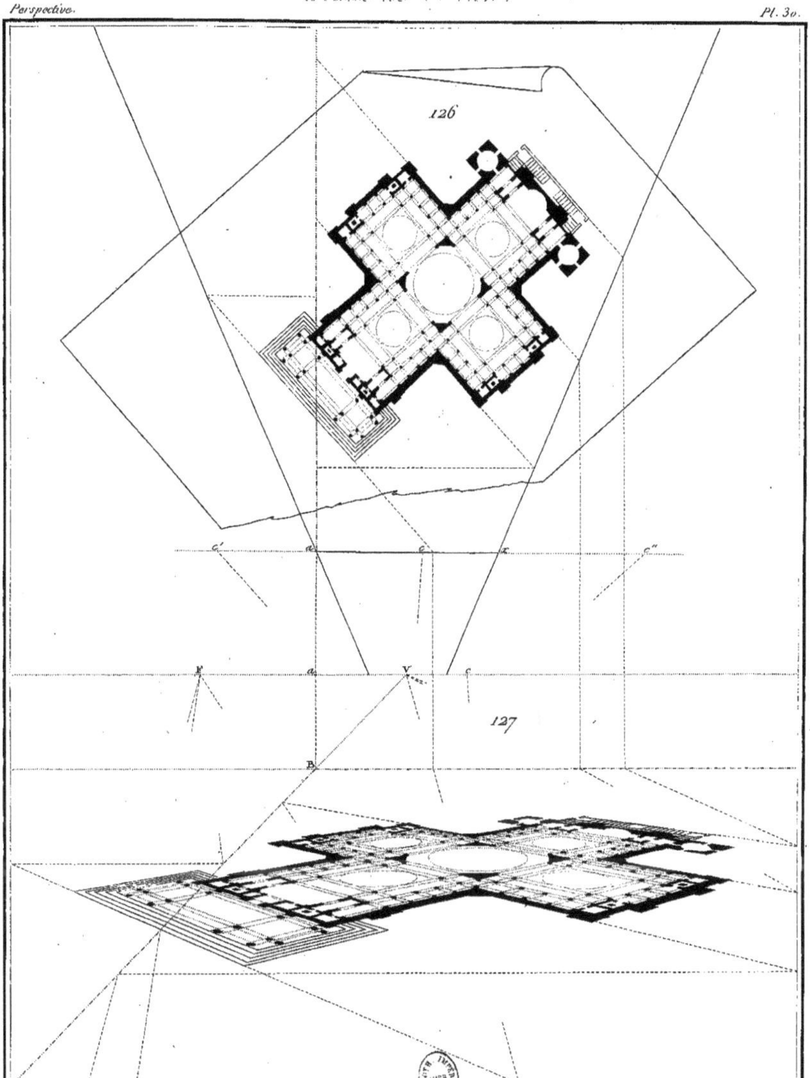

Perspective.
Étude de Plan.
Pl. 30.

126

127

Étude de Plan.

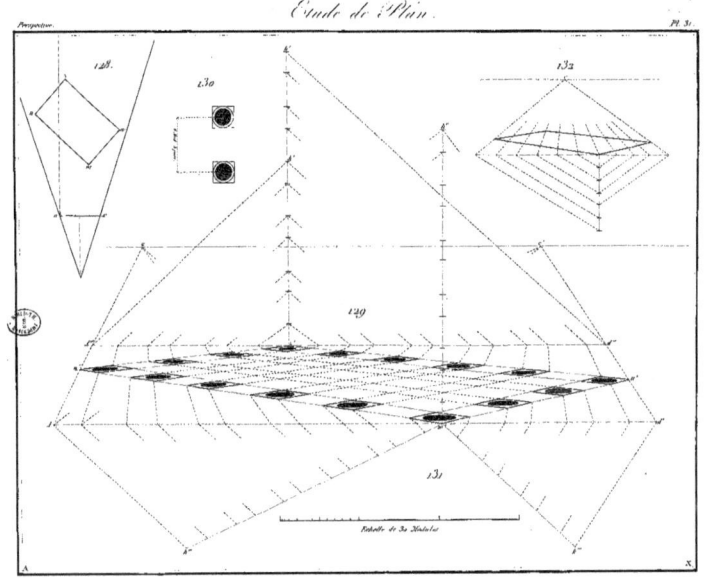

Hauteurs

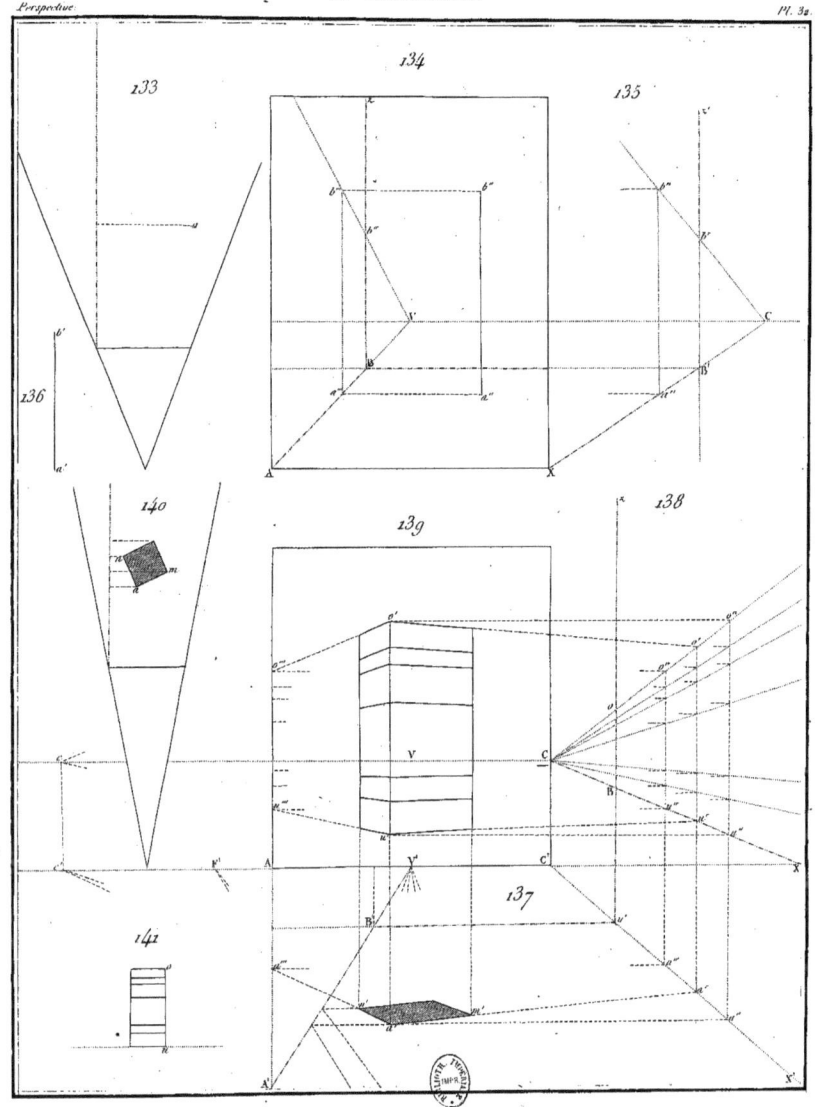

Escaliers.

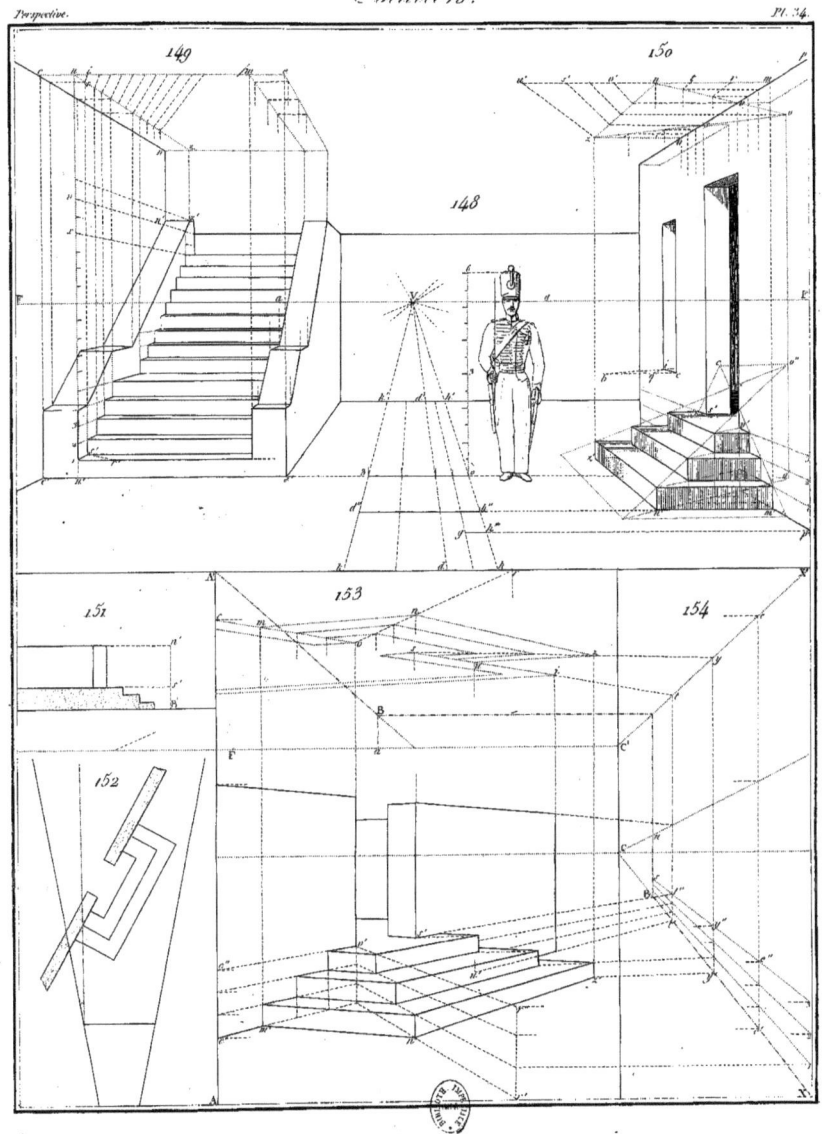

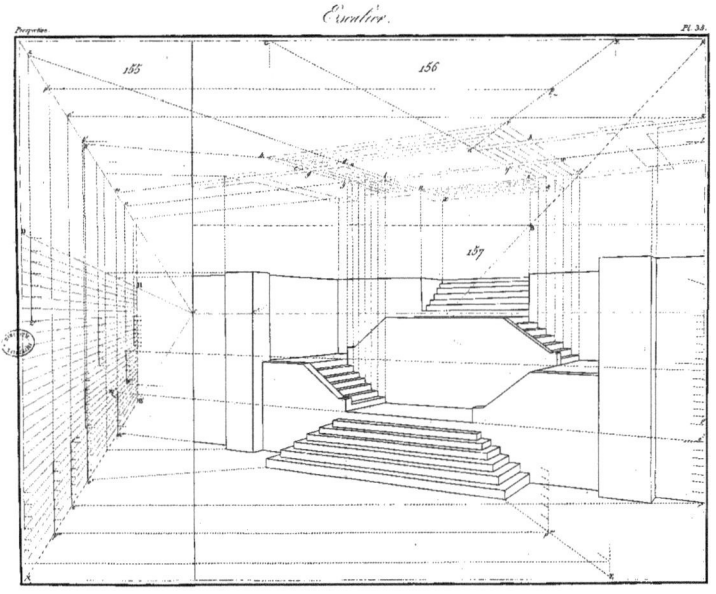
Escalier.

Perspective.　　　　Escalier.　　　　Pl. 36.

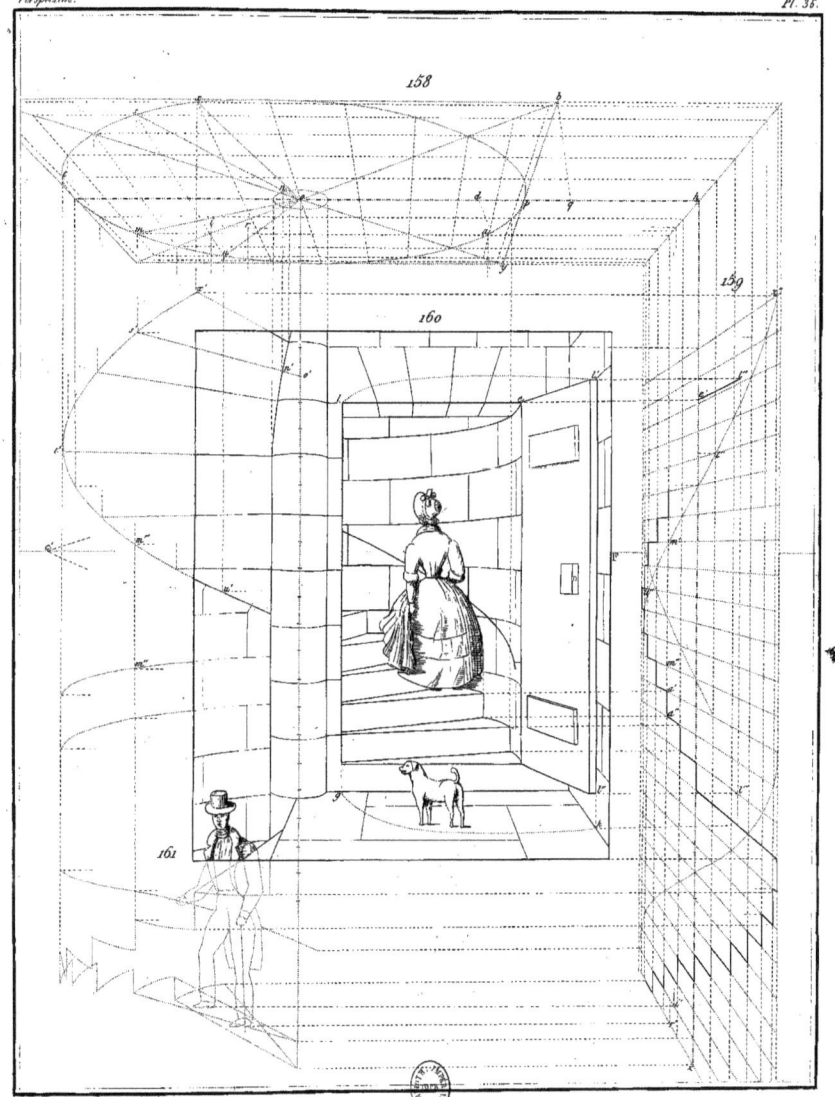

Perspective. Berceau, Arcades. Pl. 37.

162.

163.

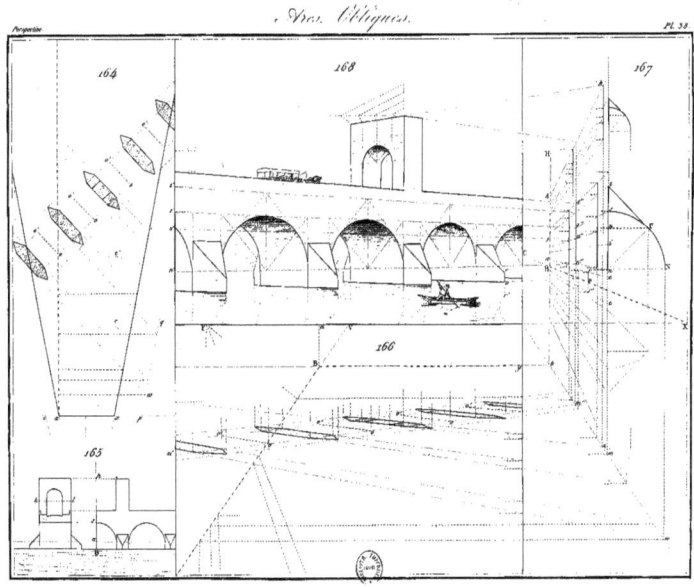

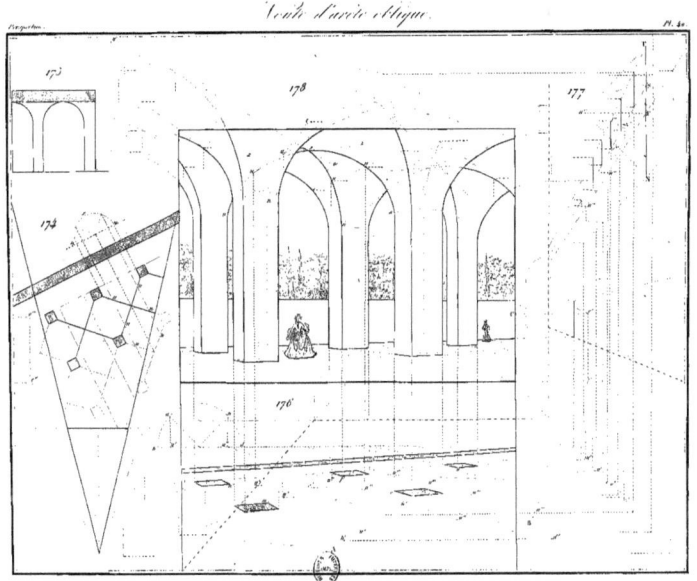

Voûte d'arête oblique.

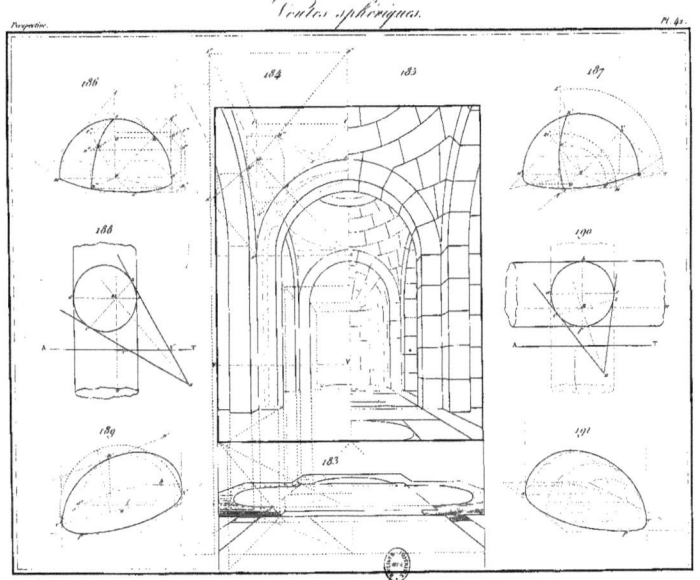

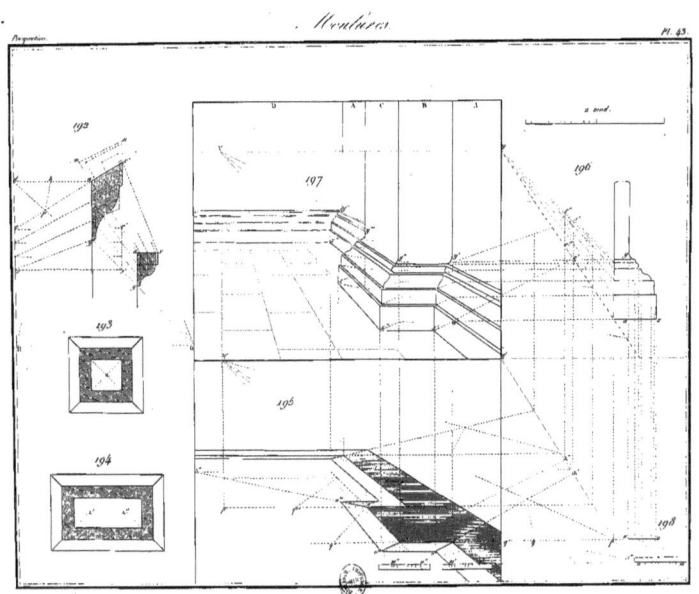

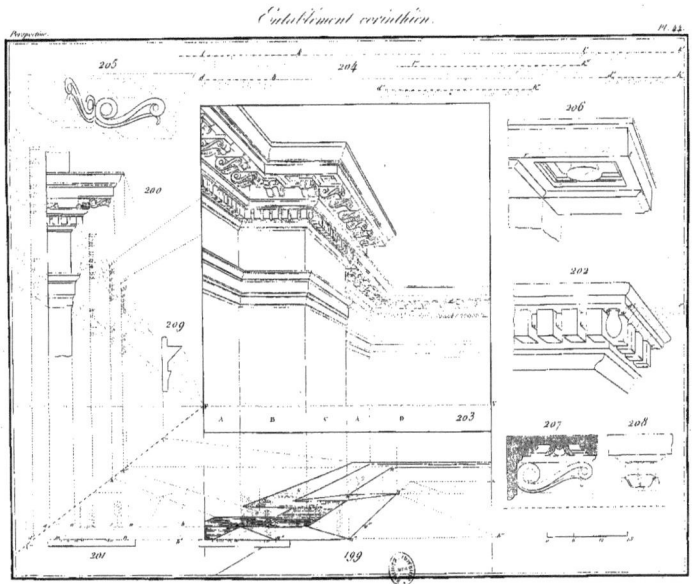

Entablement corinthien.

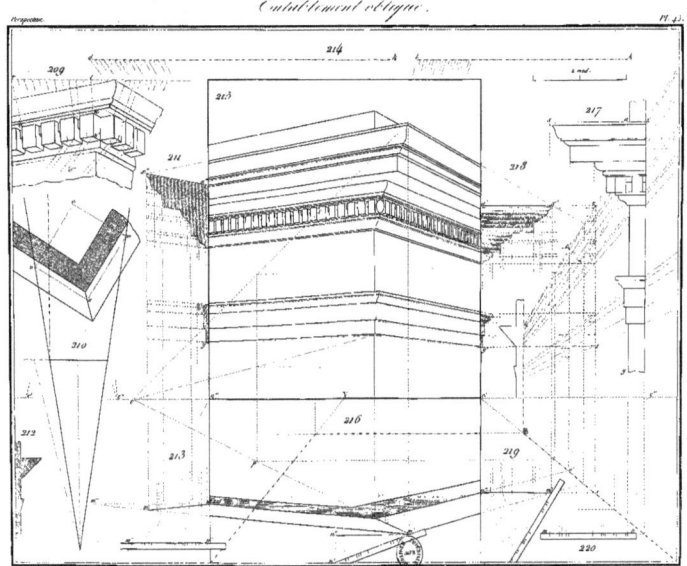

Entablement oblique.

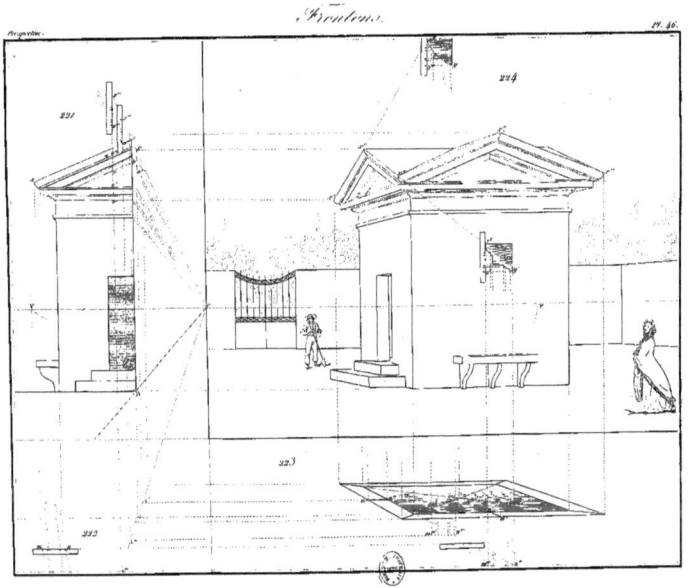

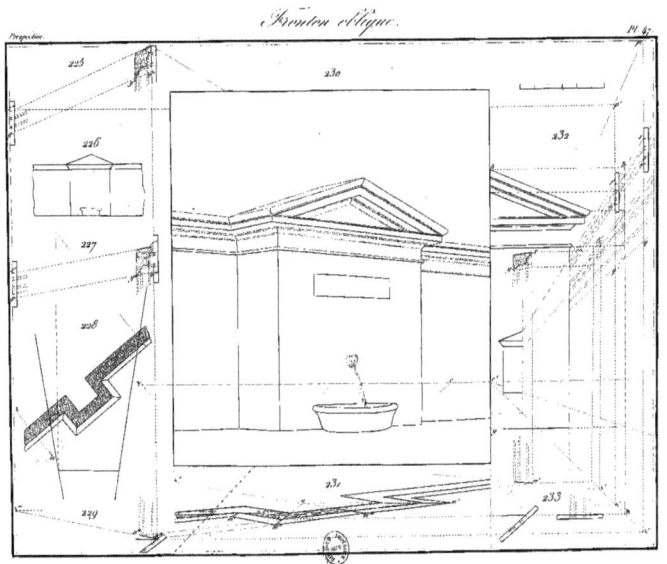

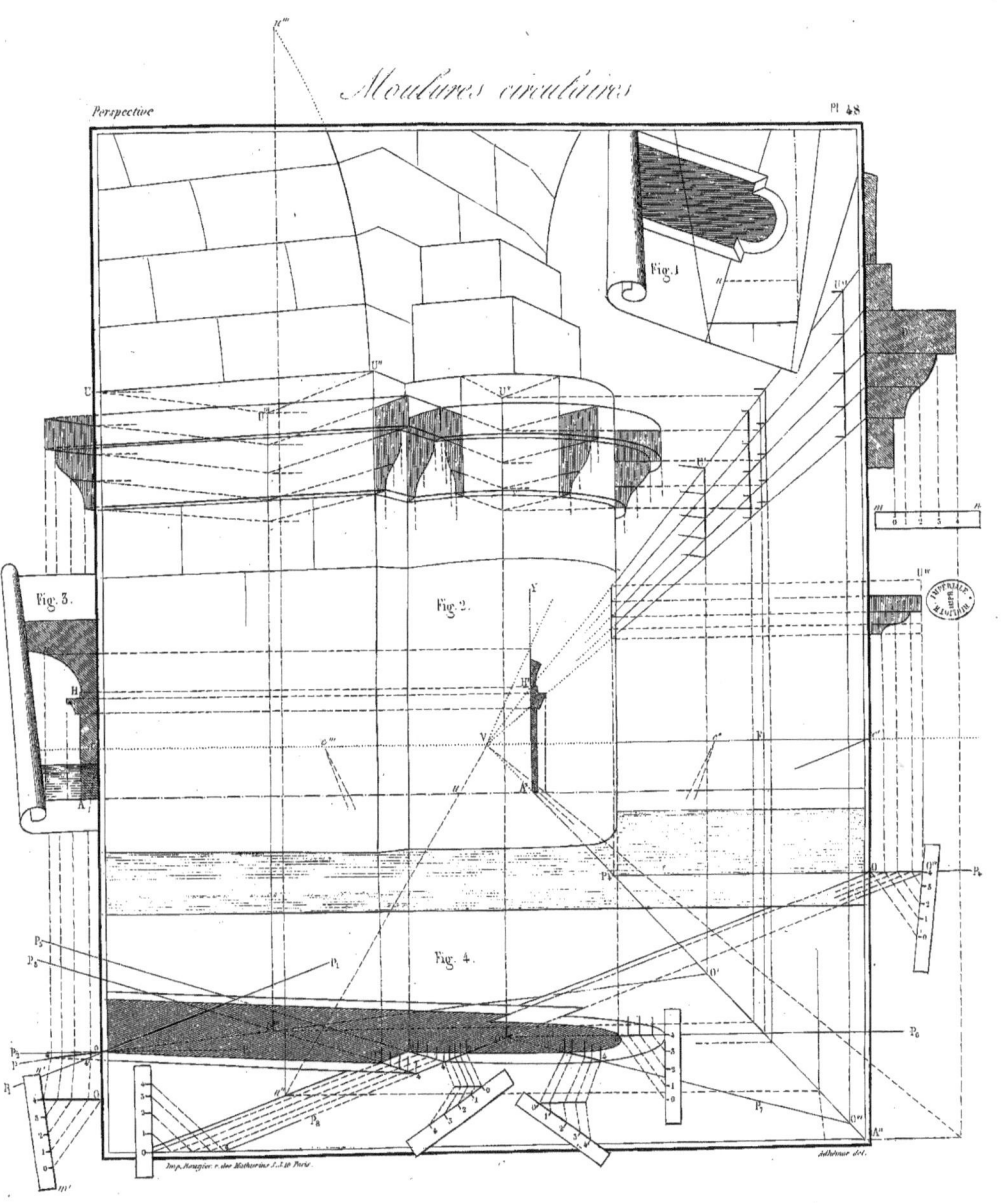

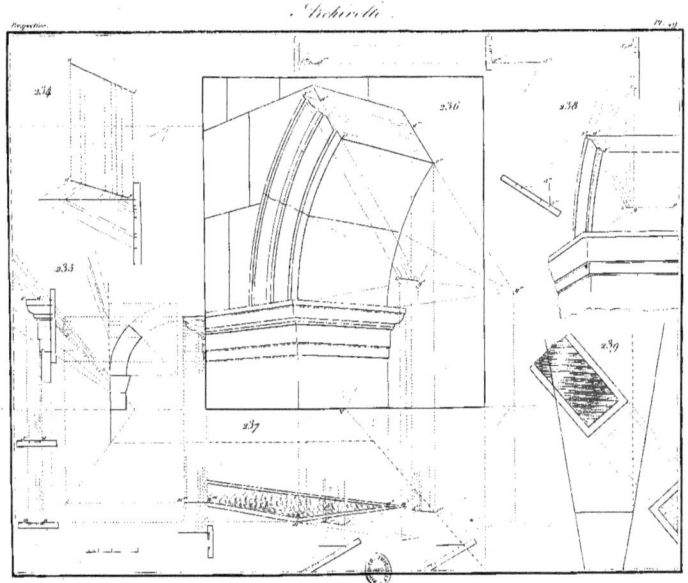

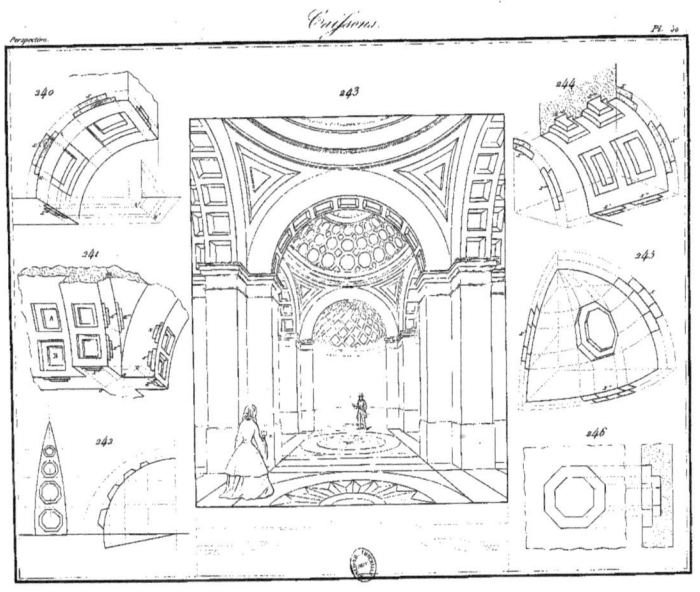

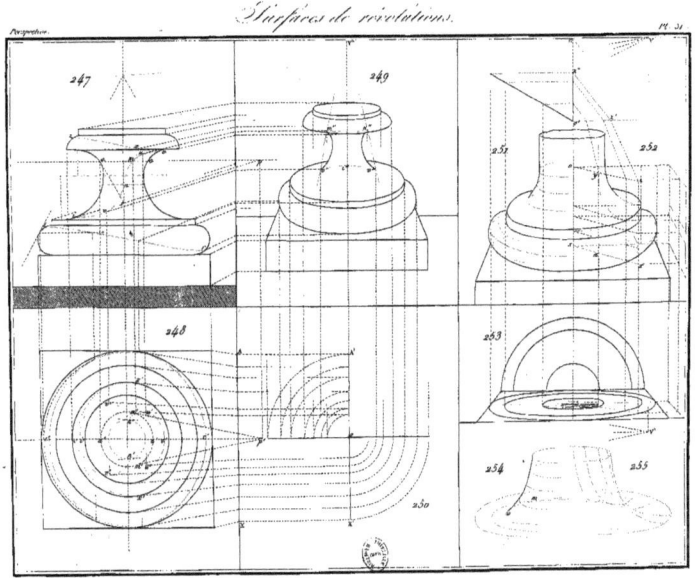

Surfaces de révolutions.

Perspective   Étude de vase   Pl. 53

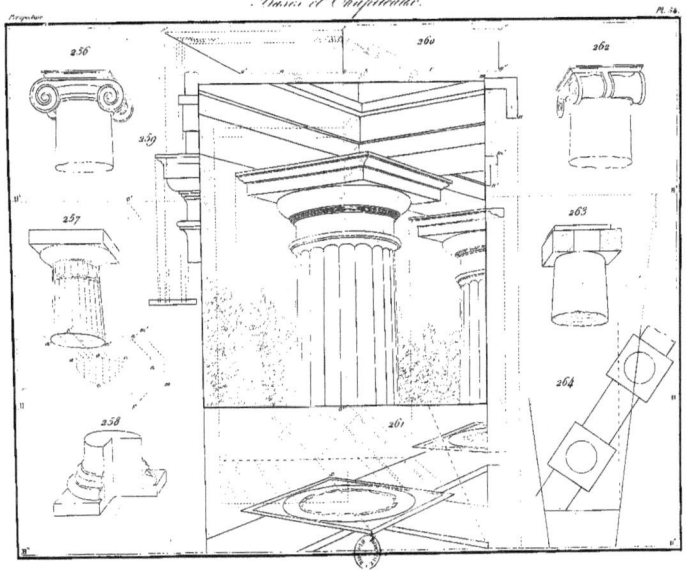

Chapiteau corinthien.

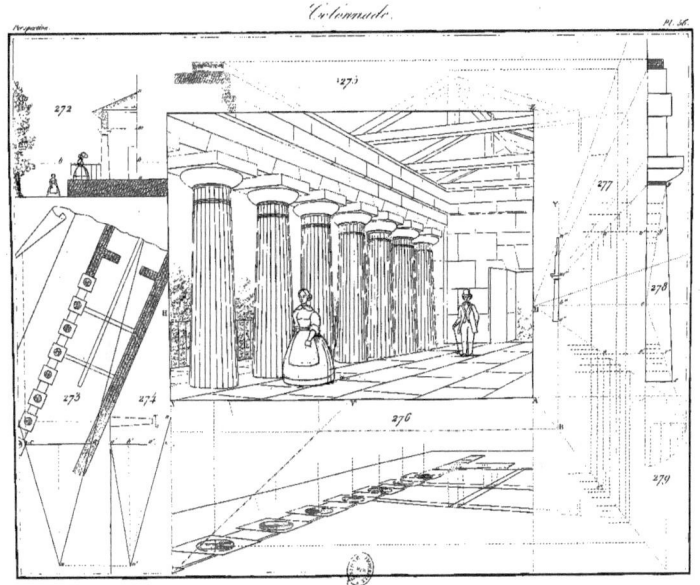

Colonnade.

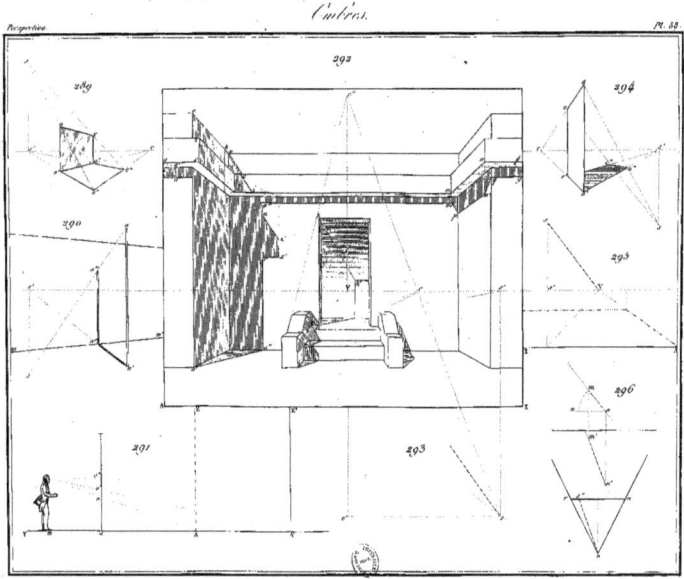

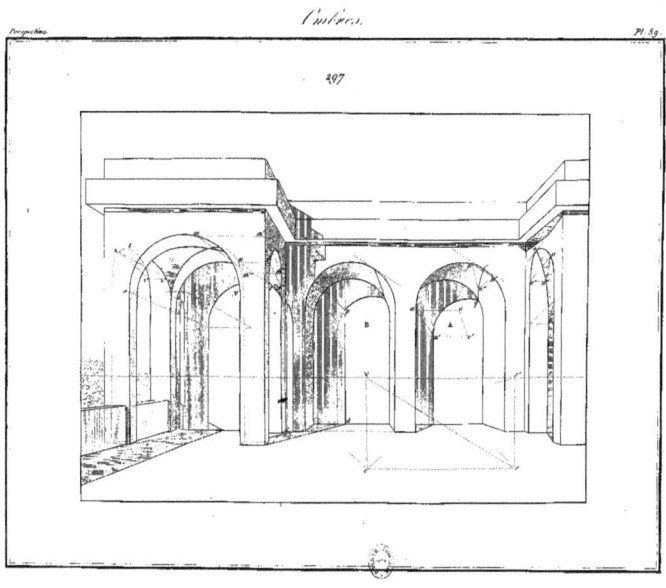

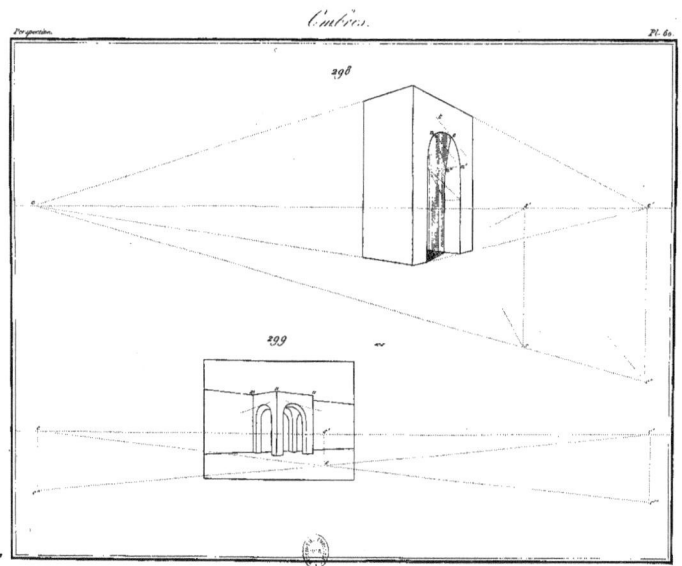

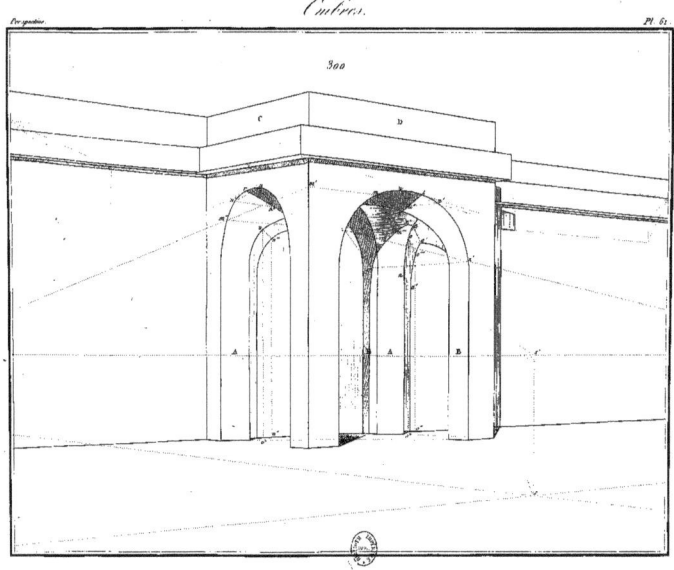

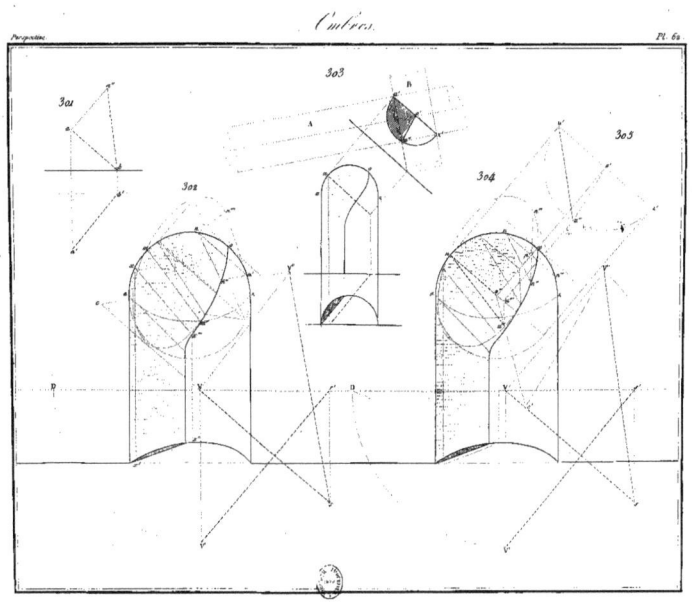

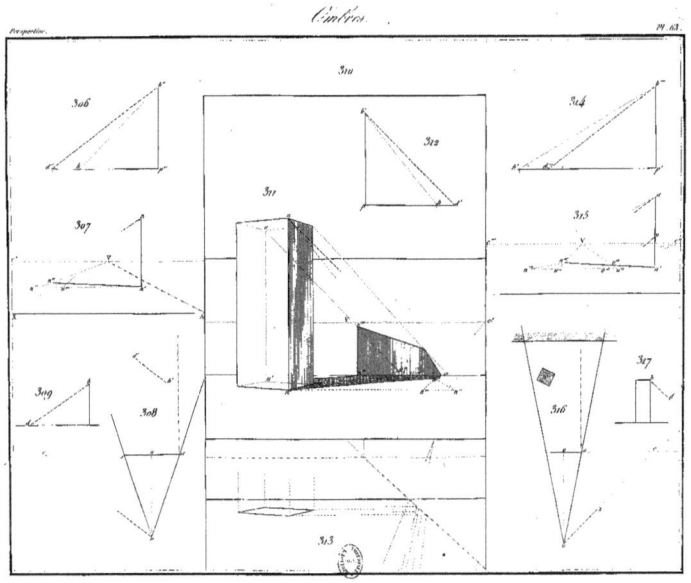

Perspective. Angle Optique. Pl. 64.

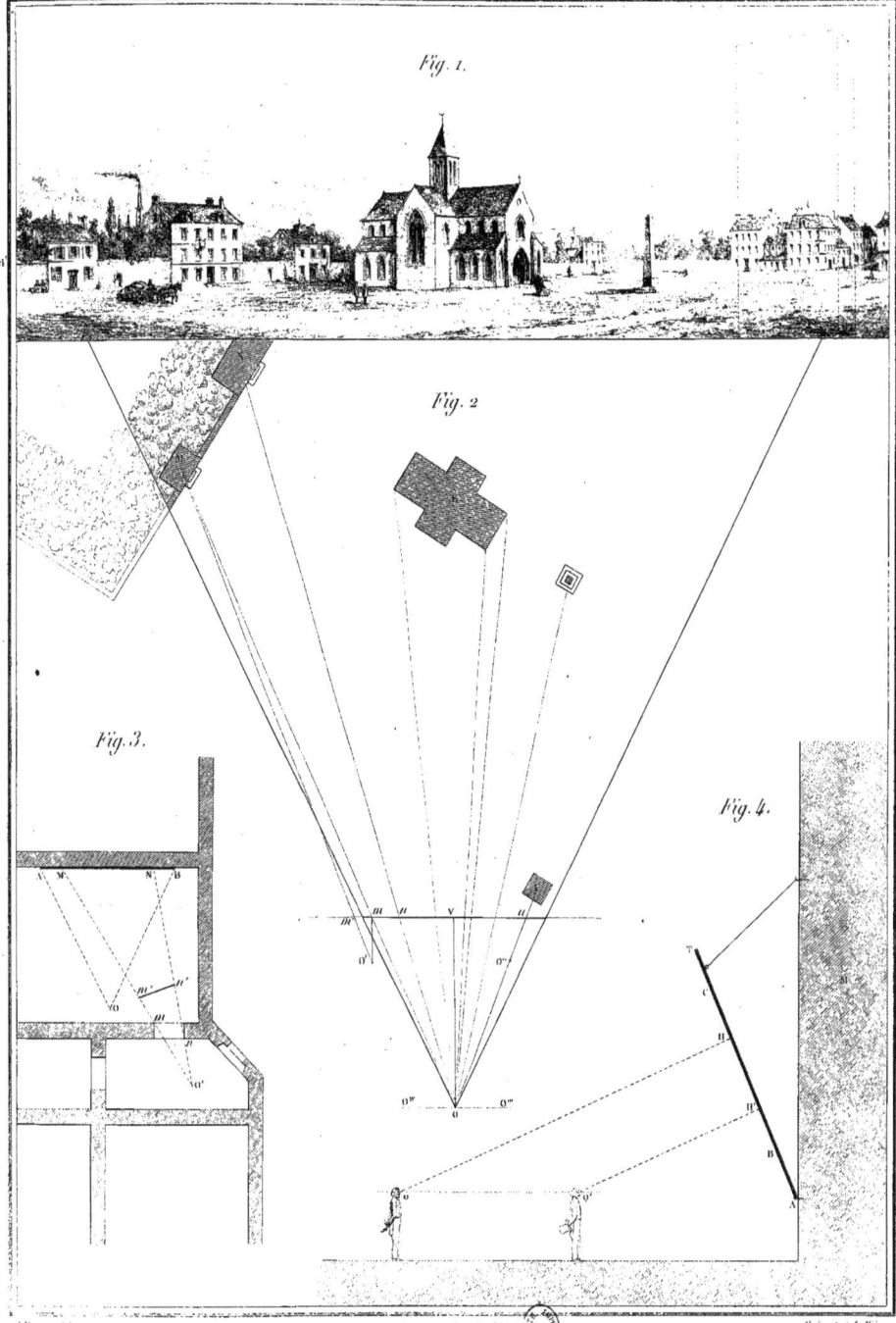

Fig. 1.
Fig. 2.
Fig. 3.
Fig. 4.

Perspective. *Illusions d'optique* Pl. 65.

Perspective. *Objets inclinés.* Pl. 66

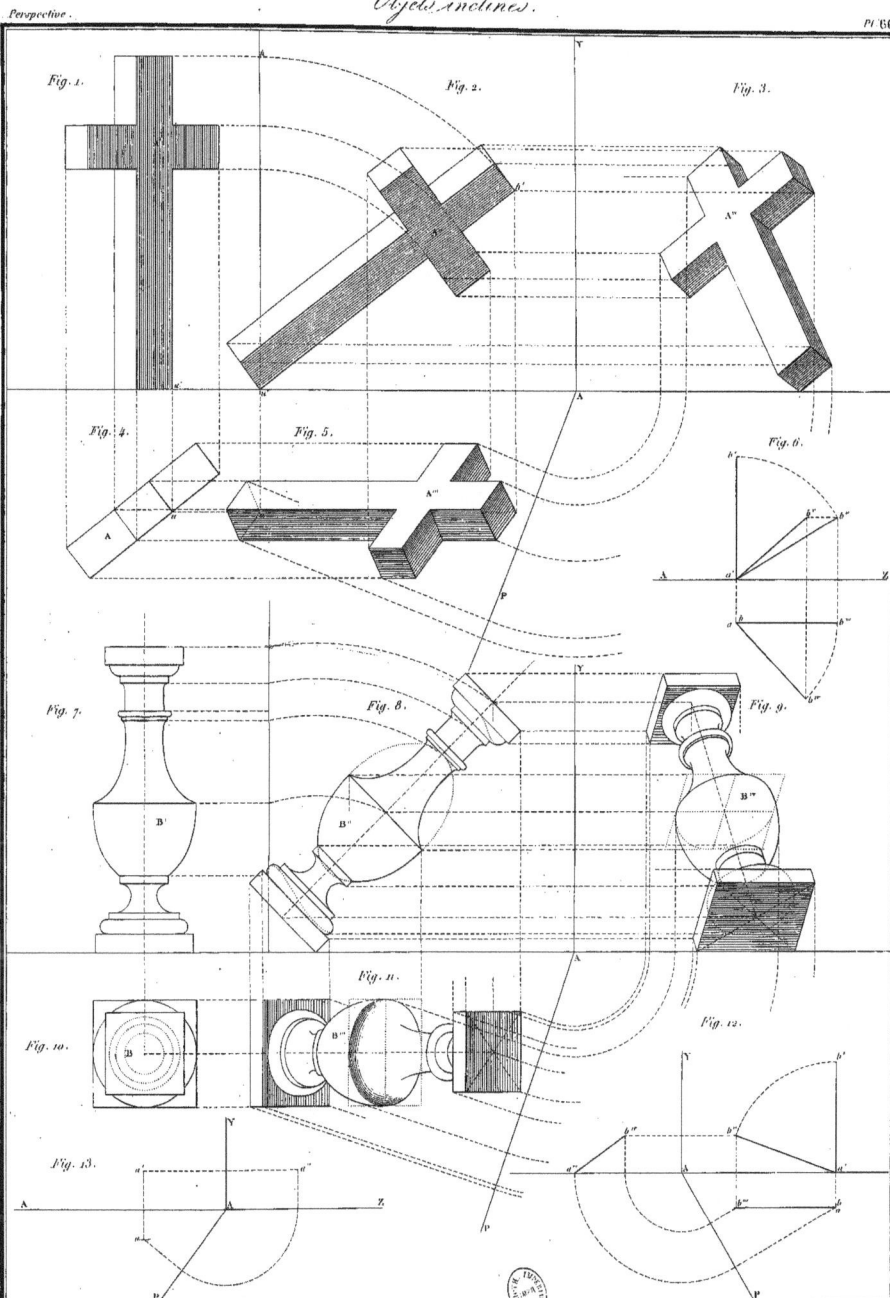

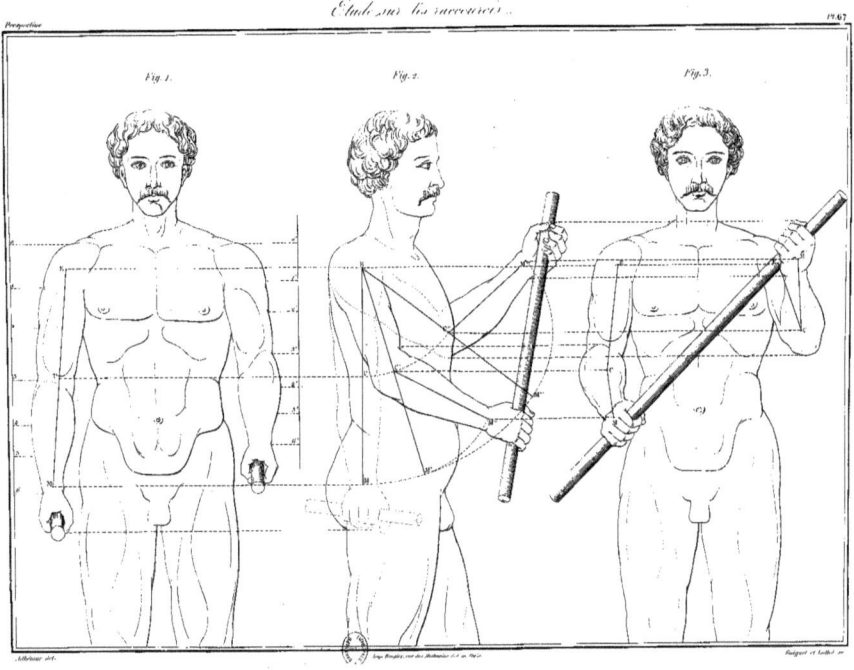

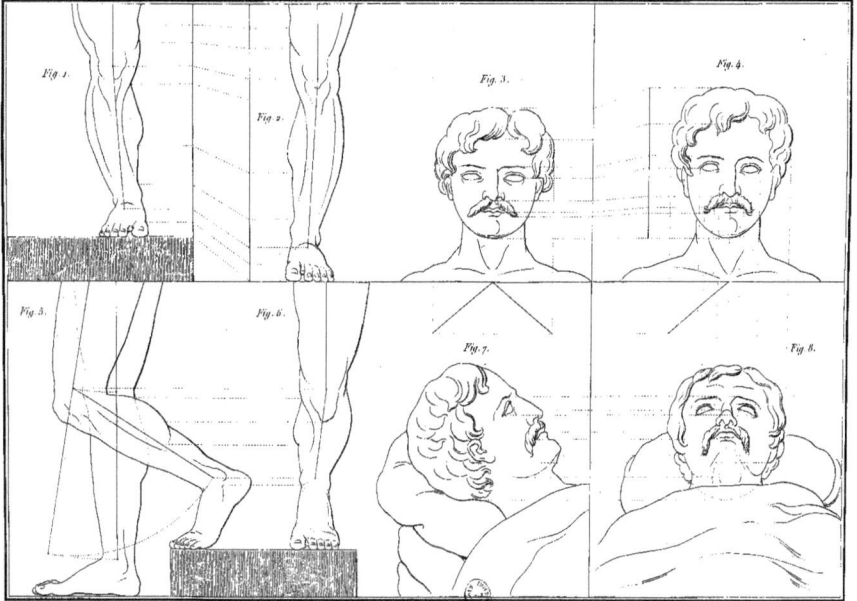
Études sur les raccourcis.

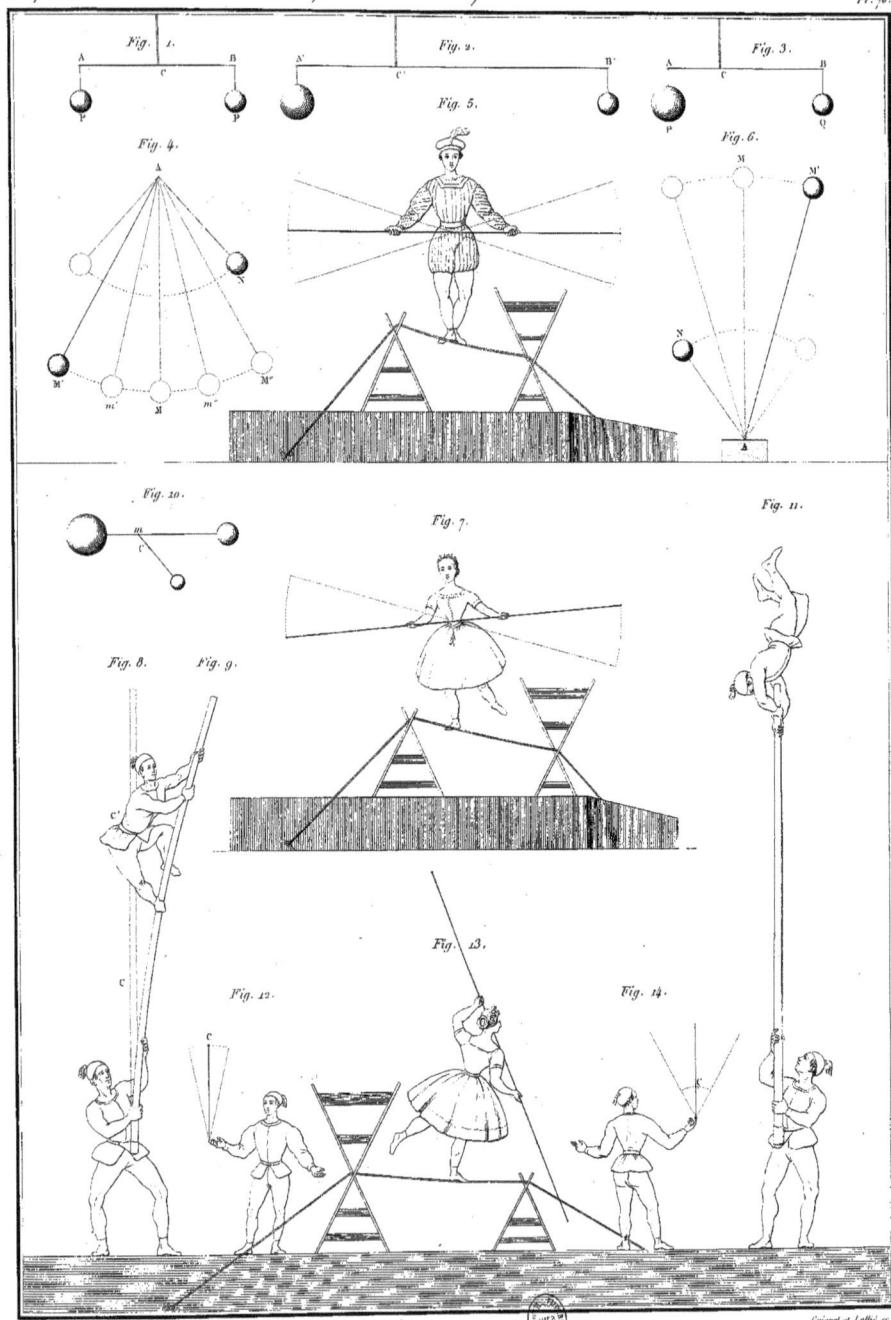

Équilibre du corps humain.

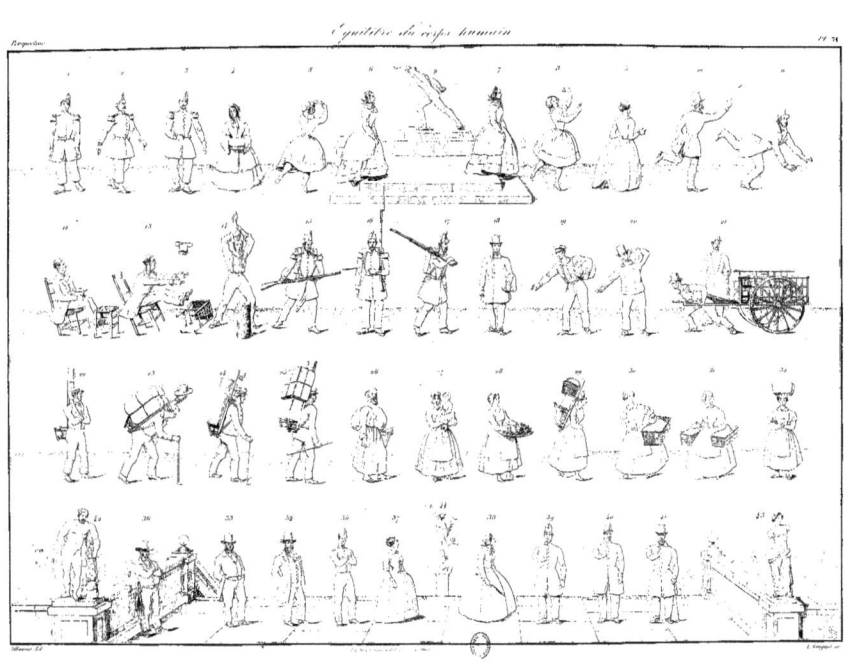

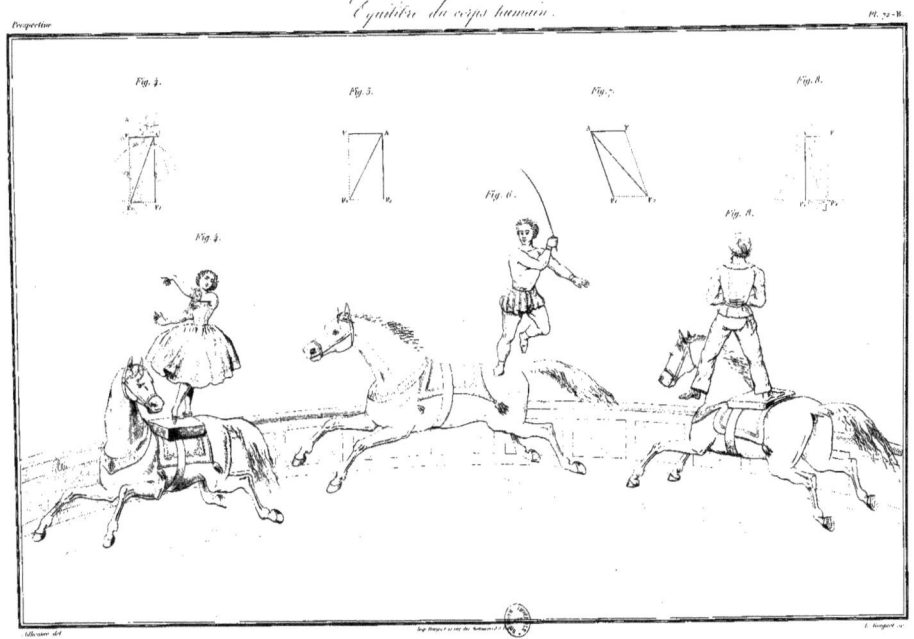

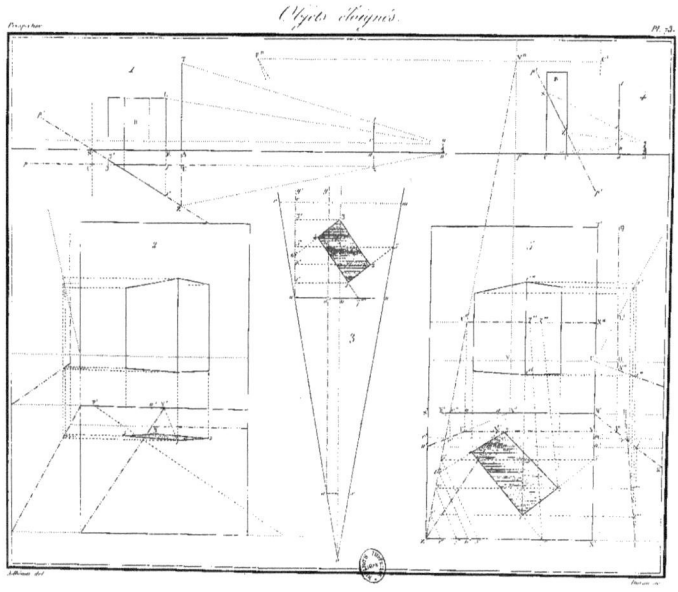

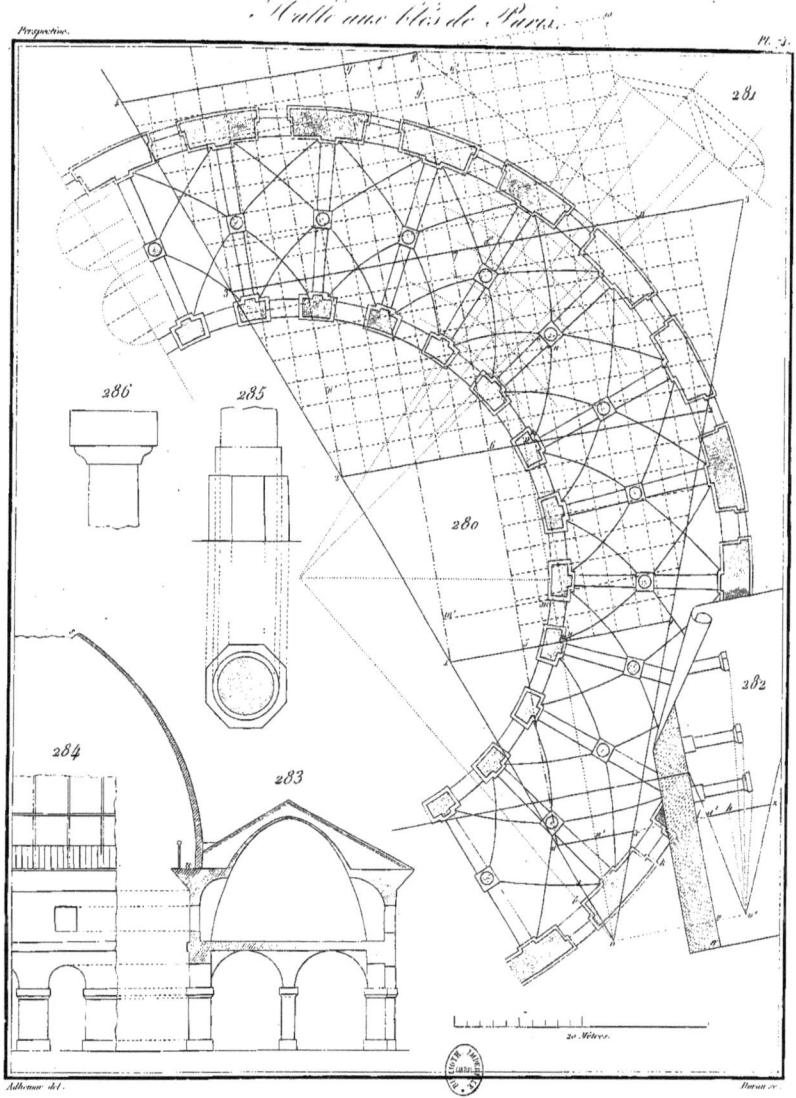

Perspective · Halle aux blés de Paris · Pl. 5.

Halle aux Blés de Paris

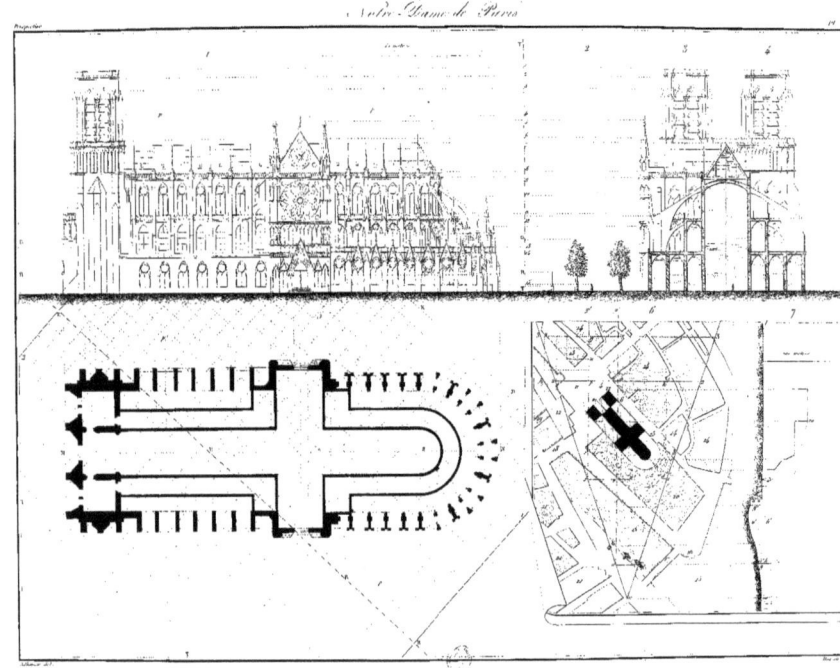

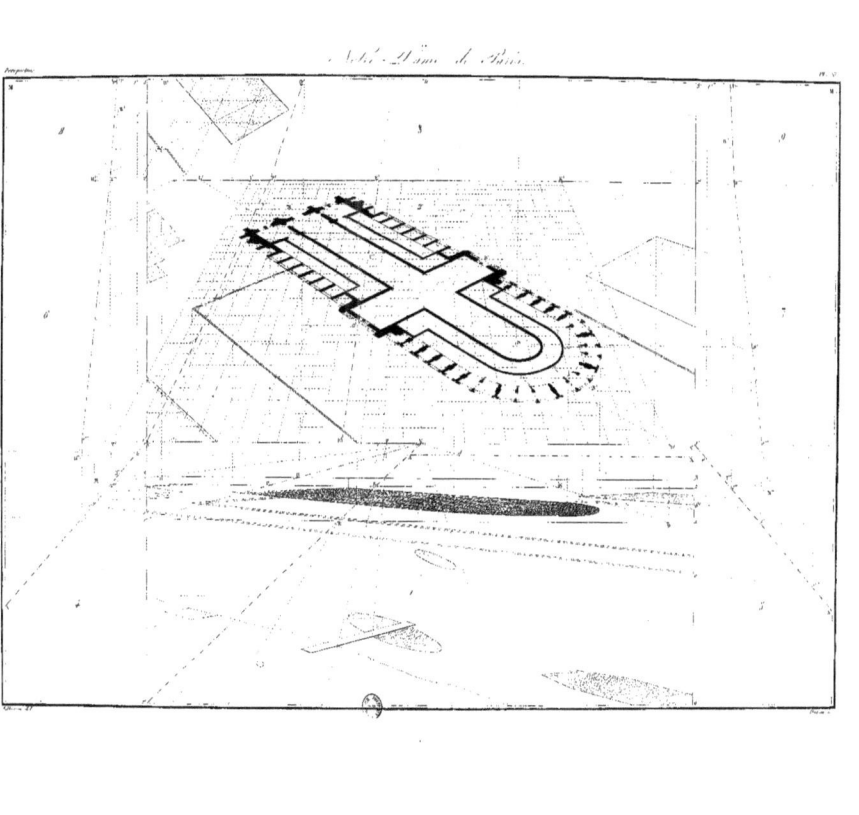

Étude d'escaliers.

Etude d'escaliers

www.ingramcontent.com/pod-product-compliance
Lightning Source LLC
Chambersburg PA
CBHW060527090426
42735CB00011B/2395